10 COSAS QUE DEBERÍAS SABER

ÁRBOLES

CAROLYN FRY

Traducción de Bonalletra

Shackleton books

Para Alex Benwell
Con ganas de navegar hacia el atardecer cuando hayamos restaurado el
Itchen Ferry Sturdy.

Árboles. 10 cosas que deberías saber
Publicado originalmente por The Orion Publishing Group Ltd of Hachette
UK Limited. Carmelite House, 50 Victoria Embankment, London EC4Y 0DZ,
England.
Título original: *Trees. 10 Things you Should Know*
© de esta edición, Shackleton Books, S. L., 2026
© del texto, Carolyn Fry
© de la traducción, Bonalletra Alcompas, SL.

Shackleton
— b o o k s —

(f) (y) (◎) @Shackletonbooks
shackletonbooks.com

Realización editorial: Bonalletra Alcompas, S. L.
Diseño de cubierta: Ana Montero
Maquetación: reverté-aguilar

ISBN: 978-84-1361-741-1
Depósito legal: B 6142-2026
Impreso por Elcograf (Italia)

Contenido

Sobre la autora

CAROLYN FRY es autora y periodista, especializada en ciencia y medio ambiente. Ha escrito o coescrito once libros, entre ellos, *Seeds: Safeguarding our Future* (ganador del Garden Media Guild Environmental Award), *Plants: from Roots to Riches* y *The Impact of Climate Change: The World's Greatest Challenge in the 21st Century*.

Antigua editora de *Geographical*, la revista de la Royal Geographical Society del Reino Unido, Carolyn ha colaborado también en *The Times*, *The Guardian*, BBC Earth, BBC Wildlife, *New Scientist* y otros medios.

Su trabajo la ha llevado a lugares muy remotos, desde seguir el rastro de las ballenas jorobadas en Omán hasta visitar la oficina de correos más aislada del mundo, en la Antártida, o excavar en busca de dinosaurios en Argentina. Carolyn vive en la costa sur del Reino Unido, no muy lejos de la avenida de tejos más antigua de Inglaterra.

Prefacio

Los árboles han superado la prueba del tiempo. Aparecieron hace 370 millones de años y la forma de vida arbórea cosechó tanto éxito que evolucionó de manera independiente una y otra vez. Hoy, salvo en las regiones polares extremas y en las montañas más altas, hay árboles en todos los ecosistemas terrestres del mundo. Se conocen 58 497 especies, repartidas en 257 familias botánicas. Abarcan desde el diminuto sauce enano, de apenas unos centímetros de altura, hasta la imponente secuoya costera, que puede superar los 115 metros. Los árboles vivos más antiguos tienen más de 5000 años.

Los árboles también nos ayudaron a prosperar como especie. A medida que evolucionaban, potenciaron los efectos derivados de la aparición de las primeras plantas terrestres. Enriquecieron

la atmósfera con oxígeno, descompusieron rocas, contribuyeron a formar suelos profundos y
crearon hábitats complejos que ofrecieron nichos
a una enorme diversidad de hongos, insectos,
aves y otros animales. Contribuyeron, además,
con algo fundamental: como parte de un sistema global finamente ajustado —mediante el cual
los seres vivos, la tierra y los océanos reciclan de
forma constante elementos y compuestos quími-
cos— ayudaron a mantener en equilibrio el aire
y la temperatura del planeta. Con ello, propicia-
ron las condiciones ambientales en las que los humanos evolucionamos y prosperamos.

Podemos comprender hasta qué punto la
naturaleza está interconectada si observamos
el mundo a través de los árboles y los bosques.
Solo dos tipos de roble sustentan a más de 2300
especies, y algunos árboles necesitan la ayuda de
varios organismos para vivir en plenitud. Como
verás en el capítulo 4, el árbol de la nuez de Brasil depende de plantas, insectos y un mamífero
para sobrevivir; y, dado que no puede cultivarse con facilidad fuera de ese ecosistema, también
nosotros dependemos de esas especies para comer
nueces de Brasil. Como observó el naturalista

escocés-estadounidense John Muir: «Cuando intentamos separar algo y aislarlo, descubrimos que es interdependiente de todo lo que existe en el Universo».

Los seres humanos no hemos tenido un comportamiento amable con los árboles ni con la biodiversidad a la que están intrínsecamente ligados. Hemos arrasado bosques con el fin de liberar espacio para la agricultura, la industria y las ciudades; hemos plantado árboles en monocultivos para producir alimentos y madera, y hemos trasladado árboles muy lejos de sus hábitats naturales para embellecer parques y jardines. Estas acciones, que continúan hoy, han diezmado la biodiversidad a todos los niveles, desde el genético hasta el de los ecosistemas. Además, al extraer y quemar carbón procedente de árboles que murieron hace millones de años, hemos perturbado el equilibrio planetario que ha mantenido en la Tierra las condiciones favorables para la vida desde que nuestra especie la habita.

Los propios árboles nos están mostrando hasta qué punto nuestras actividades están alterando la estabilidad climática. Por ejemplo, sus anillos de crecimiento anual evidencian el aumento del dióxido de carbono que calienta el planeta desde la Revolución Industrial; muestran cómo la corriente en chorro se está volviendo más variable y está trayendo sequías y olas de calor a Europa; y revelan que un periodo previo de inestabilidad climática coincidió con la caída del Imperio romano de Occidente. Deberíamos escuchar con atención las historias que nos cuentan los árboles, porque nuestra existencia depende de la regulación del agua y del carbono que llevan a cabo, y de la abundancia de frutos, frutos secos y materias primas que nos proporcionan.

Elegir solo diez cosas que conviene saber sobre los árboles es un reto. Dadas las actuales crisis climática y de extinción, me he centrado en por qué la humanidad necesita tanto los árboles y la biodiversidad de la que tanto ellos como nosotros formamos parte. Primero examino la trayectoria evolutiva de los árboles y su modo de vida; después, considero cómo nos relacionamos con ellos; por último, analizo qué pueden enseñarnos sobre el pasado y sobre cómo podríamos vivir de forma más sostenible en el futuro. Si ignoramos la sabiduría que albergan, es posible que los árboles sigan aquí mucho después de que los humanos se hayan extinguido.

1. Por qué un árbol no es lo que parece

Si te preguntara: «¿qué es un árbol?», ¿qué responderías? Inspirándote en la imagen de los árboles a los que te subías de niño, los que has cultivado en tu jardín o los que has visto en el bosque, quizá describirías una planta que puede crecer mucho, con un tronco sólido anclado al suelo por las raíces y que sostiene ramas con hojas. Si es así, coincidirías a grandes rasgos con el Global Tree Specialist Group de la Comisión para la Supervivencia de las Especies de la Unión Internacional para la Conservación de la Naturaleza, que define un árbol como: «Una planta leñosa, por lo general con un único tallo, que crece hasta una altura de al menos 2 metros, o con varios tallos, que disponen de al menos un tallo vertical de 5 centímetros de diámetro a la altura del pecho».

Sin embargo, los árboles son más de lo que se ve a simple vista. Si rascas en la superficie —literalmente— de una rama, descubrirás una capa interna blanda bajo la corteza. Conocida como «cámbium vascular», esta capa de células en división produce cada año nueva madera (xilema) hacia el interior y nuevo floema (la parte viva interna de la corteza) hacia el exterior. La madera y la corteza producidas por el cámbium vascular aportan la estructura que permite a un árbol crecer más que muchas otras plantas; el xilema distribuye agua y nutrientes desde las raíces hacia arriba, hasta los extremos de las ramas, y el floema transporta azúcares desde las hojas hacia abajo. Así pues, existe un proceso subyacente que ayuda a diferenciar los árboles de algunas otras plantas. Los botánicos describen este proceso como «crecimiento secundario». Cabe señalar que la vida de cualquier planta comienza con el «crecimiento primario».

Aquí, la división celular en las puntas de los brotes hace que el tallo y las raíces aumenten de longitud. La mayoría de las plantas con semillas (con algunas excepciones, como las gramíneas y otras plantas con flor de aspecto similar) también experimentan un «crecimiento secundario». Este crecimiento es hacia el exterior: conlleva que raíces y tallos engrosen y, por lo general, se vuelvan leñosos. Pero no todas las plantas que presentan crecimiento secundario se convierten en árboles: algunas pasan a ser arbustos o lianas, es decir, trepadoras leñosas. De las tres, los árboles suelen tener la mayor proporción de tejido rico en lignina y celulosa, lo que les confiere tallos rígidos que facilitan que circulen los fluidos y crezcan en altura. Aprovecho para aclarar que, de forma desconcertante, las palmeras y los bananos no son árboles en realidad; al ser monocotiledóneas no tienen crecimiento secundario y se parecen más a las gramíneas que a los árboles con corteza.

Las plantas se reproducen de forma natural mediante esporas o semillas, y todos los árboles pertenecen a este último grupo. Una cubierta protectora encapsula la planta embrionaria, junto con tejidos que contienen el almidón, los aceites y las proteínas necesarios para ayudarla a crecer. Siempre que la semilla encuentre condiciones favorables después de dispersarse lejos de la planta madre, comienza el proceso de germinación. Primero, una raíz rompe la semilla, ancla la planta al suelo y esta empieza a absorber agua. Después emerge un brote embrionario que crece hacia arriba, a través del sustrato. Si esta plántula supera amenazas como la desecación, las plagas, las enfermedades y los herbívoros, se convierte en un arbolito joven (un brinzal). Los brinzales son la fase juvenil del mundo arbóreo. Si bien durante esta etapa pueden cambiar la estructura de sus ramas, sus hojas y su corteza, aún no pueden producir frutos ni flores.

Las especies de vida corta empiezan a producir semillas relativamente pronto, mientras que los árboles longevos tardan mucho más en alcanzar la madurez. El serbal de los cazadores (*Sorbus aucuparia*), con una esperanza de vida de 200 años, empieza a producir sus bayas escarlatas con semillas hacia los diez años. En cambio, el roble pedunculado (*Quercus robur*), que puede vivir 1000 años, no comienza a formar bellotas hasta alrededor de los cuarenta. Cuando empieza la producción de semillas, el ciclo vital se reinicia con una nueva generación de árboles. El árbol progenitor puede dar semillas durante varios cientos de años antes de dejar de producirlas y pasar a considerarse oficialmente «anciano». En ese momento, su copa puede reducirse y su tronco puede ahuecarse y abrirse. El roble de Isabel I, que crece desde el siglo XI o XII en Cowdray Park (Reino Unido), tiene un tronco característico, ancho y bajo, abierto por un lado, que deja ver un núcleo oscuro y vacío. Como todos los árboles que se acercan al final de su ciclo vital, con el transcurso del tiempo se convertirá en un árbol en descomposición o «muerto en pie» (*snag*) antes de sucumbir definitivamente.

El proceso que impulsa el ciclo vital de los árboles es el mismo que en todas las plantas: la fotosíntesis. En este proceso, las hojas toman dióxido de carbono del aire y, con el agua que llega desde las raíces, usan la luz solar para sintetizar glucosa, que les sirve de alimento. Luego, liberan el subproducto de desecho, el oxígeno, de vuelta a la atmósfera. Los árboles caducifolios pierden sus hojas cada año, mientras que los perennifolios las conservan durante todo el año. Que un árbol mantenga o no sus hojas está relacionado con las condiciones ambientales en las que crece. En tiempos difíciles —por ejemplo, durante una sequía prolongada— puede resultar positivo desprenderse de las hojas y producir otras nuevas cuando regresan las condiciones favorables. En cambio, cuando el tiempo es menos cambiante, perder hojas puede suponer un desperdicio de oportunidades de fabricar alimento mediante la fotosíntesis, por lo que puede ser más ventajoso conservarlas.

Los árboles crecen de forma natural en bosques y arboladas, y rara vez como ejemplares aislados. Bajo tierra, se forman micorrizas (asociaciones mutualistas) entre las raíces de los árboles y los hongos. Los árboles suministran a los hongos azúcares producidos por fotosíntesis a cambio de nitrógeno, fósforo y otros nutrientes necesarios para crecer con vigor y resistir enfermedades y ataques de plagas. Algunos científicos creen que los árboles también utilizan esta red subterránea para dirigir recursos hacia sus propias plántulas o enviarles señales de alarma cuando se hallan bajo una amenaza. Sin embargo, una revisión reciente de estudios sobre hongos micorrícicos encontró pocas pruebas de que los árboles utilicen una *wood wide web* subterránea para comunicarse con sus vecinos aéreos.

Tres grandes «biomas» forestales —cada uno caracterizado por su vegetación, suelo, clima, plantas y fauna— rodean la Tierra en amplias franjas latitudinales. Los bosques tropicales, próximos al ecuador, son cálidos, húmedos y diversos: en 1 kilómetro cuadrado puede haber hasta cien especies de árboles. Suelen ser perennifolios, con hojas grandes y oscuras. A latitudes superiores, más alejadas del ecuador, los bosques templados experimentan cuatro estaciones bien definidas. En ellos solo hay de tres a cuatro especies de árboles por kilómetro cuadrado, y esos ejemplares suelen tener hojas anchas que pierden anualmente. Por último, en las latitudes más altas se encuentran los bosques boreales, donde los veranos son cortos y los inviernos largos, fríos y nevados. En esas tierras predominan las coníferas perennifolias, con hojas aciculares que fotosintetizan casi todo el año y ayudan a retener la humedad.

Como los árboles pueden parecerse entre sí, tener ciclos vitales similares y crecer juntos en los bosques, cabría esperar que estuvieran emparentados. Esta idea coincide con la visión de los primeros botánicos, que históricamente describían las plantas a partir de su apariencia física. Observaban con cuidado los ejemplares, anotaban su forma, tamaño y color, y comparaban semejanzas y diferencias en las flores. Esto los llevó a agrupar especies similares en géneros, que luego podían reunirse en familias, y así la clasificación continuó hacia arriba a través de orden, clase y filo o división, hasta llegar al agrupamiento último del reino vegetal. Sin embargo, los árboles no encajan bien en esa clasificación. Algunos son «gimnospermas» primitivas, con «semillas desnudas», mientras que otros son «angiospermas», plantas con flor más avanzadas desde el punto de vista evolutivo, cuyas semillas quedan encerradas, por lo general, dentro de un fruto. Y, dentro de las plantas con flor, los árboles se encuentran dispersos entre familias muy diversas.

Hoy se pueden llevar a cabo clasificaciones vegetales más precisas a partir del ADN de las distintas especies. Esto ha revelado algunos parentescos inesperados: el loto sagrado (*Nelumbo nucifera*), por ejemplo, está más estrechamente emparentado con los plátanos y los sicómoros (arces) que con los nenúfares a los que se parece. Aunque estos parientes cercanos no se asemejan entre sí, resulta que los lotos y los sicómoros comparten características florales y vegetativas. Como el orden Proteales, al que pertenecen todas estas plantas, es antiguo, es posible que en el pasado existieran especies intermedias que trazaran un camino gradual desde un árbol terrestre hasta una planta herbácea acuática.

Algunos árboles son perennes; es decir, conservan sus partes aéreas durante todo el año. La tendencia global observada —cuanto más fría es la temperatura invernal de una región, menos plantas leñosas hay en su flora— sugiere que la forma arbórea se ajusta mejor a climas cálidos. En las regiones frías, ser una herbácea perenne que solo necesita que sus raíces sobrevivan al invierno o una planta anual, que muere por completo, pero deja una semilla latente para crecer en primavera, puede considerarse una estrategia más beneficiosa. De hecho, los estudios muestran que el hábito herbáceo no leñoso ha evolucionado repetidamente a partir de un estado leñoso ancestral, y viceversa. Científicos que investigaron las circunstancias ecológicas en las que las plantas se vuelven leñosas o herbáceas hallaron 1656 casos en los que se había seguido ese proceso y 2111 transiciones en sentido contrario: las herbáceas toleran mejor las heladas y la sombra, y las leñosas se enfrentan mejor a la sequía.

La idea de que las condiciones ambientales pueden influir en que una planta se vuelva o no leñosa se ve respaldada por las investigaciones que se han realizado en distintas islas. Muestran que más de mil especies leñosas han surgido a partir de más de 175 cambios evolutivos en treinta y un archipiélagos de todo el mundo. Encontrar, al llegar a una isla, condiciones como un clima favorable sin una marcada estacionalidad o menos grandes mamíferos herbívoros nativos, seguido de un aumento de la sequía y un aislamiento continuado, parece favorecer el paso hacia la cualidad de leñosa. Un ejemplo es el «diente de león arbóreo» de Canarias (*Sonchus canariensis*), de unos 2,4 metros de altura, que se encuentra solo en las islas Canarias. Deriva de la cerraja espinosa (*Sonchus asper*), una herbácea anual o bienal, parecida a un diente de león de tamaño normal, nativa de Europa, Norteamérica y Asia occidental. Estos hallazgos sugieren que los archipiélagos son laboratorios naturales de la evolución vegetal.

Además de ayudar a esclarecer las relaciones que se establecen entre las plantas, la genética está arrojando luz sobre cómo estas podrían, o no, convertirse en árbol. Todos los organismos poseen un conjunto de genes, su genoma, que contiene la información necesaria para crecer y desarrollarse. Estudios de genomas de especies del género *Populus* (que incluye álamos y chopos, como el álamo temblón y los álamos algodoneros) indican que existe un solapamiento considerable entre los mecanismos genéticos utilizados para crecer en longitud (crecimiento primario) y para volverse leñosos (crecimiento secundario). Mientras tanto, incluso las monocotiledóneas (la cuarta parte de las especies de plantas con flor que no son leñosas, como las gramíneas, las palmeras, los bananos y los bambúes) contienen algunos genes responsables del crecimiento secundario. Y, entre las eudicotiledóneas (el grupo más grande de plantas con flor), se puede inducir a plantas herbáceas a volverse leñosas. Esto se demostró en dos estudios de la década de 1990: en uno se generó el xilema secundario cortando repetidamente las cabezuelas florales, y en el otro se logró restringiendo las horas de luz diarias durante el crecimiento.

Así que, si ahora te preguntara: «¿qué es un árbol?», ¿qué dirías? Lo que parecía una pregunta sencilla revela una respuesta muy compleja. Por supuesto, sigue siendo válido describir un árbol por su aspecto —y esto es útil para gestionar árboles y bosques con fines alimentarios, madereros y de conservación—. No obstante, quizá sea igual de acertado definir la forma de vida arbórea como una posición en un extremo de un continuo que va desde lo herbáceo hasta lo extremadamente leñoso, sustentado por genes que controlan el crecimiento secundario. En las plantas que los tienen (entre las que se encuentran muchos descendientes de un antiguo antepasado común), esos genes representan un interruptor evolutivo. Puede desactivarse para «agazaparse» en el suelo, o activarse cuando las condiciones determinan que la mejor apuesta para sobrevivir es ser rígido, estar bien hidratado y poder buscar el sol de forma perenne.

2. Un viaje por la historia de los árboles

Para entender cómo surgió la forma de vida arbórea, debemos remontarnos a hace 450 millones de años (Ma). En este punto de partida, las masas terrestres de la Tierra están dispuestas de forma distinta a la que conocemos. Las actuales Sudamérica, África, India, Australia y Antártida forman el continente austral de Gondwana, mientras que Norteamérica, Groenlandia y Europa se aglutinan cerca del ecuador para formar Euramérica. El clima es cálido y las zonas húmedas se extienden hasta donde alcanza la vista. En ellas, plantas primitivas descendientes de algas verdes acuáticas (con cloroplastos cuyo origen se remonta a las antiguas cianobacterias) prueban suerte en tierra firme.

Entre estas primeras plantas hay musgos, antocerotes y hepáticas, que en algunos aspectos se parecen a sus equivalentes modernos, pero difieren enormemente de la mayor parte de la vegetación actual. Aunque realizan la fotosíntesis —un rasgo heredado de sus ancestros microscópicos—, son organismos diminutos, sin raíces verdaderas y sin tejido vascular, y sin un medio para transportar fluidos a través de su estructura. Para sobrevivir, algunas hepáticas y antocerotes se asocian con hongos, intercambiando la energía que producen por agua y nutrientes. Después, a medida que iniciamos nuestro lento regreso hacia el presente y estas plantas tempranas pugnan por captar más luz y evitar la desecación, van desarrollando mecanismos de adaptación que las vuelven más autónomas.

Cuando alcanzamos los 400 Ma, el *Aglaophyton*, de porte rastrero, captura luz a lo largo de toda su superficie ramificada, mientras que el *Rhynia* utiliza tejidos vasculares especializados para ayudar a que circule el agua y las sustancias disueltas. Por su parte, el *Psilophyton* se yergue gracias a un eje principal y ramas laterales más pequeñas. A partir de la diversidad creciente de plantas que vemos en ruta, queda claro que, en las «olimpiadas evolutivas» que se celebran ante nuestros ojos, crecer hacia la luz, aprovechar eficazmente la radiación solar para producir alimento, captar y distribuir agua y nutrientes a través de una estructura ramificada elevada y liberar esporas reproductivas al aire son estrategias ganadoras. En la fotosíntesis, las plantas modernas captan luz solar y dióxido de carbono (CO_2) a través de las hojas y los convierten en oxígeno y azúcares como fuente de energía. Los poros o estomas de la superficie foliar se abren para permitir la entrada de CO_2, la salida de oxígeno y la evaporación del agua (lo que ayuda a impulsar la transpiración, es decir, el flujo de agua a través de la planta), y pueden cerrarse en épocas de sequía para evitar la pérdida de agua. Al llegar a los 380 Ma, observamos cómo el *Minarodendron* realiza la fotosíntesis con diminutas hojas en forma de varilla, dispuestas en espiral sobre los tallos. Es la primera vez que aparecen hojas en nuestro itinerario evolutivo: una adaptación impulsada por la necesidad de contar con estructuras capaces de captar la luz.

Aun así, pasará bastante tiempo antes de que encontremos hojas grandes. Las altas concentraciones de CO_2 en la atmósfera limitan la evaporación, por lo que bastan unos pocos estomas. En esas condiciones, las hojas grandes podrían provocar el sobrecalentamiento de las plantas por exceso de exposición solar. Sin embargo, sí vemos que empiezan a evolucionar las raíces, un proceso que, al parecer, ocurre dos veces entre ese momento y la actualidad. Contar con raíces ofrece grandes ventajas. No solo conectan los sistemas vasculares de transporte de fluidos con las fuentes de agua y nutrientes del suelo, sino que también aportan soporte estructural para que se mantengan erguidas las plantas más altas.

Avanzando hasta los 380 Ma, cuando Gondwana y Euramérica convergen para formar el vasto nuevo continente de Pangea, aparece el crecimiento secundario, que llevará la evolución vegetal al siguiente nivel —literalmente—. Las plantas que producen grandes cantidades de células conductoras de agua a lo largo de su vida empiezan también a generar una cantidad considerable de tejido leñoso (xilema). Esto les confiere una estructura más rígida y contribuye a la circulación eficaz de fluidos, así como a que crezcan mucho más en altura.

El análisis de lo que ocurre bajo tierra nos muestra que las plantas hunden sus raíces recién evolucionadas en el suelo y en las grietas de las rocas para absorber agua y nutrientes. Al fragmentar las rocas, las raíces favorecen su meteorización por efecto de la lluvia. Cuando llueve, las gotas que caen absorben CO_2 del aire y se convierten en un débil ácido carbónico, que reacciona con los silicatos de calcio y magnesio de las rocas para formar carbonatos. Estos carbonatos solubles se lavan, pasan a los ríos y llegan al mar, un proceso que hace que el CO_2 atmosférico descienda lentamente. Tras superar los 370 Ma, el nivel de CO_2 ya ha descendido lo suficiente como para que surjan hojas mayores capaces de captar más luz solar. Por fin, se dan las condiciones necesarias para que los árboles entren en escena.

Entre los más antiguos están los géneros *Wattieza* y *Archaeopteris*. El primero, un organismo temprano de aspecto parecido al de los helechos, es la primera planta con forma arbórea que encontramos. A pesar de tener raíces pequeñas, alcanza unos 8 metros de altura y recuerda a las palmeras y helechos arborescentes actuales. *Archaeopteris*, por su parte, tiene unas hojas parecidas a las de los helechos, pero se asemeja más a una conífera, con un amplio sistema radical y ramas que nacen de un tronco central leñoso. Su gran talla la hace tan exitosa que llega a formar bosques a escala global. Es probable que estos contribuyan al aumento del oxígeno atmosférico que observamos al aproximarnos al presente. El carbono permanece «secuestrado» primero en las plantas vivas y, después, en los suelos a medida que mueren y se descomponen; finalmente, mediante enterramiento prolongado, queda almacenado en forma de carbón. El resultado es un exceso de producción de oxígeno debido a la fotosíntesis frente a la respiración derivada de la oxidación biológica, lo que conduce a un fenómeno inverso al actual efecto invernadero forzado por las actividades humanas. De modo que, cuando llegamos a los 315-305 Ma, el planeta se ha enfriado y los casquetes polares avanzan.

Como todas las plantas tempranas (y algunas actuales), el ejemplar de *Archaeopteris* se reproduce mediante esporas producidas en un esporangio. Una desventaja de este método es que las esporas, una vez liberadas, quedan a merced del ambiente y no disponen de reservas para ayudarlas a sobrevivir. Pronto aparecen nuevas plantas con indicios de una estrategia reproductiva novedosa:

en lugar de un solo tipo de espora, las presentan de dos tamaños, megasporas femeninas grandes y microsporas masculinas pequeñas. Con el transcurso del tiempo, observamos plantas en las que la parte femenina del esporangio deja de producir y dispersar muchas esporas, para, en su lugar, generar una sola y retenerla, mientras el propio esporangio queda encerrado para formar un óvulo. Ahora, las esporas masculinas devienen polen. Este salto evolutivo da lugar a las primeras plantas con semilla: las gimnospermas.

Como las primeras plantas con semilla eran similares entre sí, es probable que esta innovación evolutiva surgiera una sola vez en la historia de las plantas terrestres. Las coníferas se encuentran entre los árboles con semilla —se llaman así porque las portan dentro de conos— más antiguos. Al llegar a los 280 Ma, comienzan a dominar el paisaje. Las coníferas voltziales (orden Voltziales) cosechan un éxito particular. La reproducción por semillas, combinada con otros rasgos novedosos, les permite tolerar climas más secos y esquivar el episodio de extinción masiva que provoca la desaparición de muchas especies de plantas hacia los 250 Ma (uno de los varios eventos de este tipo que han tenido lugar desde que hay plantas en la Tierra). Para cuando alcanzamos los 170 Ma, han dado origen a grupos modernos de coníferas, entre ellos las líneas del ciprés de los pantanos, el tejo y las araucarias.

Al avanzar hasta los 110 Ma, las coníferas ya han vivido su apogeo y ahora están en declive. Se enfrentan a un adversario formidable en la lucha evolutiva por sobrevivir: las angiospermas, o plantas con flor. En estas plantas, los gametos masculinos viajan dentro de un tubo polínico a través de un carpelo cerrado hasta alcanzar el óvulo, donde tiene lugar una «doble fecundación». Un gameto fecunda la oosfera, mientras que otro fecunda una célula vecina para formar un tejido nutritivo para el embrión. Se trata de un tipo de reproducción muy eficiente, porque la «despensa» de la nueva planta se desarrolla a la par y solo se genera una vez que ha ocurrido la fecundación. En cambio, las gimnospermas deben aportar nutrientes a las semillas antes de la fecundación, una estrategia muy poco eficiente.

Por supuesto, junto con las plantas también han ido evolucionando los animales. Las angiospermas aparecen en un mundo donde ya existen los dinosaurios y los mamíferos, y se expanden a medida que los primeros se encaminan hacia la extinción mientras los insectos y las aves siguen diversificándose. Al llegar a los 100 Ma, ya distinguimos representantes de tres grandes grupos de plantas con semilla actuales: las magnólidas, las monocotiledóneas y las eudicotiledóneas. Entre ellas hay magnólidas muy similares a los magnolios y laureles que vemos hoy. Unos 30 millones de años después, ya han aparecido palmeras y jengibres (monocotiledóneas), junto con cornejos y hamamelis tempranos (eudicotiledóneas). A estas alturas, las plantas con flor coevolucionan con diversos insectos —abejas, moscas, polillas y escarabajos, entre otros—, que contribuyen a su éxito al polinizar algunas especies. Pero no todo gira en torno a las angiospermas: hacia los 65 Ma, coníferas y ginkgos están ampliamente distribuidos en latitudes altas.

A partir de los 50 Ma, vemos formarse lentamente las condiciones continentales y climáticas que caracterizan el mundo moderno, con glaciaciones repetidas entre los 2,4 Ma y hasta hace 11 500 años. Se expanden los bosques de haya austral (*Nothofagus*) en el hemisferio sur, evolucionan y se extienden las gramíneas mientras que las coníferas se propagan por el hemisferio norte. De regreso al presente, existen alrededor de 350 000 especies vivas de angiospermas y algo más de mil gimnospermas. Aproximadamente 60 000 de estas plantas son especies arbóreas, en su mayoría angiospermas, con la excepción de las coníferas, algunas cícadas y los ginkgos. A lo largo del viaje, hemos atravesado cinco grandes extinciones en la historia del planeta, con apariciones y desapariciones de especies, incluidos árboles, y con una evolución reiterada hacia la leñosidad o hacia el porte herbáceo en respuesta a los cambios ambientales.

Sin el lujo de una auténtica máquina del tiempo, los científicos emplean dos métodos principales para desentrañar la compleja historia evolutiva de las plantas. El primero consiste en estudiar las especies actuales, establecer sus relaciones y trazar la senda evolutiva que ha conferido a cada una sus rasgos presentes. Aunque los botánicos siguen usando características morfológicas para situar a las plantas en su lugar correcto dentro del gran «árbol de la vida», la filogenética molecular se ha convertido en una herramienta clave. Implica analizar secuencias de ADN y genomas, y utilizar

los datos obtenidos para inferir historias evolutivas y relaciones de parentesco.

El segundo enfoque reside en examinar fósiles preservados del pasado. Esto puede ayudar
a identificar plantas que existieron en el pasado,
pero que hoy están extintas, además de esclarecer cuándo tuvieron lugar grandes saltos evolutivos. Por ejemplo, los fósiles de *Archaeopteris*,
que muestran una combinación de madera y hojas similares a las de los helechos que producen
esporas, llevaron a los científicos a concluir que
probablemente fue un ancestro de las gimnospermas. Sin embargo, como los fósiles suelen
representar solo una pequeña fracción de un árbol del pasado, a menudo se requiere una labor
detectivesca botánica cuidadosa, durante muchos
años, para reconstruir el panorama completo.

Cuando en 1869 se hallaron numerosos troncos fósiles en Gilboa, en el estado de Nueva York,
los científicos supieron que se habían topado con
un bosque antiguo, pero conocían poco sobre las
características de sus árboles. Tuvieron que pasar
137 años hasta que el hallazgo de un espécimen
intacto permitió anunciar que se había encontra-
do la planta con forma arbórea más antigua del

mundo (posteriormente denominada *Wattieza*), con una forma de crecimiento singular que habría podido llevarla a los 8 metros de altura. Los fósiles encontrados junto a estos ejemplares mostraron que el bosque también albergaba plantas herbáceas emparentadas con los licopodios modernos y con diminutos artrópodos.

Los fósiles también pueden arrojar luz sobre los ambientes y la disposición de los continentes del pasado que ayudaron a moldear linajes arbóreos antiguos. Por ejemplo, los restos carbonizados de una planta sin hojas hallados en una limolita de 420 millones de años en el Reino Unido figuran entre las evidencias más antiguas de incendios naturales. Indican que, para entonces, ya existían rayos u otras cargas eléctricas, una fuente de vegetación inflamable y oxígeno suficiente (en torno al 16 %). Por otro lado, un ejemplar de *Glossopteris* —árbol o arbusto leñoso de humedales, con semilla—, recogido por el explorador polar Robert Falcon Scott en 1912 en la Antártida, confirmó que las plantas llegaron a crecer a unos 500 kilómetros del Polo Sur. Esto contribuyó a comprender que la Antártida fue, en el pasado, mucho más cálida que hoy. Y todo ello ocurrió hacia los 260 Ma, después de que Gondwana quedara subsumida en el supercontinente de Pangea.

Gracias a estas herramientas de «viaje en el tiempo» sabemos que una forma de crecimiento parecida a la de los árboles ha evolucionado una y otra vez en respuesta a cambios ambientales. Y, aunque muestran que la evolución suele avanzar lentamente, a lo largo de millones de años, los científicos han descubierto que algunas plantas pueden evolucionar en apenas unas cuantas generaciones. Por ejemplo, las huellas genéticas indican que los robles albares (*Quercus petraea*) de tres bosques de Francia pudieron evolucionar con rapidez para adaptarse a cambios climáticos cuando el periodo frío de la Pequeña Edad de Hielo terminó a mediados del siglo xix. Esto resulta alentador, dado que, en la actualidad, nuestro planeta experimenta un cambio climático sin precedentes inducido por las actividades humanas, consecuencia de quemar y liberar CO_2 a la atmósfera a partir del carbón y el petróleo derivados de plantas y otros materiales orgánicos de hace millones de años. Tras haber dominado los ecosistemas terrestres durante 370 millones de años, cabe esperar que los árboles puedan perdurar, de una forma u otra, durante muchos millones más.

3. No solo hay árboles en el bosque

Hay pocos lujos tan memorables como las nueces de Brasil. Y lo son porque se recolectan en estado silvestre de los castaños de Brasil (*Bertholletia excelsa*) en la selva amazónica, donde dependen de otras plantas y animales para prosperar. Para atraer a polinizadores como las abejas, estos árboles ofrecen una recompensa de néctar en el interior de sus flores. Sin embargo, solo las abejas de gran tamaño son lo bastante fuertes como para levantar la «tapa» floral (el opérculo) y tienen una lengua lo bastante larga para alcanzarlo. Y para que esas abejas se reproduzcan, los machos deben cortejar a las hembras con fragancias extraídas de orquídeas silvestres. Producir, además, una nueva generación de castaños de Brasil requiere de la intervención de unos roedores llamados agutíes, que rompen la dura envoltura de la cápsula leñosa del fruto y almacenan y entierran las nueces, lo que permite que algunas semillas germinen. Sin esta cadena de suministro natural, no habría nueces de Brasil.

En los biomas forestales tropicales, templados y boreales del mundo, los árboles —como el castaño de Brasil— son piezas clave de intrincadas redes vivas. En la Amazonia hay 390 000 millones de árboles, repartidos en más de quince mil especies. La variedad de alturas y formas de los árboles amazónicos conforma un inmenso rascacielos viviente con distintas «plantas» que ofrecen nichos ecológicos capaces de sostener conjuntos muy diversos de plantas y animales. En total, hasta donde sabemos, habitan la Amazonia 40 000 especies de plantas, 427 mamíferos, 1294 aves, 378 reptiles, 427 anfibios y unas 3000 especies de peces.

Los árboles gigantes que pueden prosperar en condiciones de calor, viento y humedad forman el estrato emergente de la selva, donde anidan periquitos, guacamayos y águilas harpías. Debajo se encuentra el dosel, formado por el solapamiento de ramas y hojas de la mayoría de los árboles del bosque tropical. Las lianas trepan por los troncos en busca de sol, mientras orquídeas y bromelias se encaraman a las ramas altas, y perezosos, monos y titíes acuden a darse un festín de frutos abundantes. En la penumbra del sotobosque, por debajo, animales muy diversos —desde hormigas hasta jaguares— viven entre árboles más bajos y arbustos, como heliconias y filodendros. Y abajo del todo, en el sombrío suelo de la selva, un «equipo de limpieza» de termitas, babosas y gusanos descompone la materia orgánica que cae desde arriba como una lluvia. Los hongos también abundan: una sola cucharadita de suelo amazónico puede contener hasta cuatrocientas especies.

La diversidad actual de los bosques tropicales sudamericanos surgió tras la extinción masiva de hace 66 Ma, que llevó a que desaparecieran tres cuartas partes de todas las especies de plantas y animales de la Tierra. Antes de ese suceso, provocado por un asteroide, los bosques tenían un dosel abierto y eran lugares aireados, donde los dinosaurios se movían en gran medida entre coníferas y otras gimnospermas. Pero 6 millones de años después del impacto aparecieron nuevos bosques con un dosel cerrado, que generó la jerarquía estratificada de acceso a la luz solar que vemos hoy. Se trataba de bosques repletos de plantas con flor, que posteriormente coevolucionaron con nuevos grupos de vertebrados e insectos, incluidos polinizadores importantes como abejas y polillas, y con una gran diversidad de aves. En otros lugares, flores fósiles de hace entre 56 y 32 Ma muestran especializaciones para la polinización por insectos, y se sabe que las aves visitan flores desde hace 47 Ma.

Las lentas adaptaciones que las especies realizaron a lo largo de millones de años para convivir en el ambiente del bosque tropical, explican por qué sus vidas están hoy tan estrechamente conectadas. Pero sus dependencias van mucho más allá de que las plantas proporcionen alimento a los animales a cambio de servicios de polinización y dispersión de semillas. Por ejemplo, las bromeliáceas que viven posadas en las ramas del dosel a menudo albergan ranas. Sus hojas en espiral recogen agua y hojarasca, atraen insectos de los que se alimentan las ranas y forman acuarios naturales en los que estas pueden vivir. Las plantas, por su parte, se benefician de la presencia de estos anfibios «residentes» al obtener nutrientes de sus heces.

Mientras tanto, se ha observado que el cacao, el árbol del que se obtiene el chocolate, alberga hongos endófitos que habitan en sus hojas sin causar daño. Los hongos obtienen carbono del árbol a la vez que lo protegen frente a otras especies de hongos perjudiciales.

Si observas de cerca un tangarana, *Triplaris americana*, que crece en partes de Sudamérica y Centroamérica, quizá veas grandes hormigas color ámbar que entran y salen a toda prisa por pequeños orificios que perforan su tronco esbelto y moteado. Se trata de las hormigas de fuego venenosas, *Pseudomyrmex triplarinus*, y los orificios son cavidades especialmente adaptadas —los llamados domacios— en los que viven. A veces, además, dan cobijo a cochinillas que excretan melaza azucarada de la que las hormigas se alimentan. Estas, a su vez, benefician al árbol al despejar la vegetación de su base —exponiéndolo a más luz— y al protegerlo de ataques de animales, incluidos los humanos. Tradicionalmente, se ataba a las personas al tangarana y se las exponía a las picaduras de las hormigas como castigo; de ahí su otro nombre: «árbol de la justicia».

Más al norte, las vidas de las especies que habitan los bosques templados no están menos entrelazadas. Por ejemplo, las dos especies de roble nativas del Reino Unido —el roble pedunculado (*Quercus robur*) y el roble albar (*Quercus petraea*)— albergan conjuntamente 2300 especies: 1178 de invertebrados,

716 de líquenes, 229 de musgos, hepáticas y antocerotes, 108 de hongos, 38 de aves y 31 de mamíferos. De ellas, 326 necesitan al roble para sobrevivir
y otras 229 rara vez se asocian con otros árboles. La
lista incluye 587 especies que utilizan los robles para
alimentarse de forma indirecta, pero excluye visi-
tantes ocasionales como zorros, erizos, topos y gatos
monteses. Tampoco se incluyeron algas, bacterias y
otros microorganismos, por lo que es probable que
el recuento real sea mucho mayor.

Los robles atraen especies distintas a medida
que atraviesan las estaciones y las etapas de su ciclo
vital. Las hojas nuevas que brotan a comienzos del
verano alimentan orugas, incluidas las de la mariposa «cola castaña del roble» (*Favonius quercus*) y la
polilla *Moma alpium* (conocida en Inglaterra como
merveille du jour). Y, evocando el modo de vida del
tangarana en la selva, este nuevo crecimiento también atrae pulgones que proporcionan tentempiés
de melaza a las hormigas. Las hormigas pardas, *La-
sius brunneus*, construyen en los troncos del roble
refugios a modo de granero con musgos, líquenes
y exoesqueletos de escarabajos. Después, «pasto-
rean» pulgones gigantes pálidos del roble, *Stomaphis
wojciechowskii*, trasladándolos entre esos refugios y

escondites subterráneos. Con ello, protegen a los pulgones mientras aseguran su propio suministro de alimento en el roble que les sirve de hogar.

A medida que la primavera avanza hacia el verano, las ardillas rojas y grises acuden a comer las flores de estos árboles, mientras las abejas minadoras del roble, *Andrena ferox*, se alimentan del polen que estas liberan. Y, cuando se forman las bellotas a finales del verano, varias especies de aves —entre ellas, las grajas (*Corvus frugilegus*), el trepador azul (*Sitta europaea*) y los arrendajos (*Garrulus glandarius*)— vienen a darse un festín. Conforme los robles maduran, las grietas y pliegues que se forman en la corteza se convierten en lugares idóneos para nidos, en particular para el papamoscas cerrojillo (*Ficedula hypoleuca*) y el carbonero palustre (*Poecile palustris*), además de para murciélagos como el de Bechstein (*Myotis bechsteinii*) y la barbastela (*Barbastella barbastellus*).

Incluso cuando un roble entra en sus últimos años, sigue albergando una vida muy diversa. La madera en descomposición es un hábitat vital para escarabajos como el raro elatérido cardenal, *Ampedus cardinalis*, que se cría en los troncos y las grandes ramas de los robles muertos. Los tres pájaros carpinteros nativos del Reino Unido, el pico picapinos (*Dendrocopos major*), el pico menor (*Dryobates minor*) y el pito real (*Picus viridis*), anidan en estos árboles y a menudo optan por excavar en madera muerta más blanda. Y los hongos prosperan sobre el mantillo de hojas, las ramas caídas y otros restos en descomposición: el yesquero laberíntico del roble (*Daedalea quercina*) y la «copa verde de los elfos» (*Chlorociboria aeruginascens*) rara vez habitan en otro sitio. La madera muerta también contribuye a la biodiversidad de los ríos al proporcionar refugio a peces e invertebrados y al crear pozas que se usan para el desove.

Dos especies animales ayudan a garantizar un aporte saludable de madera muerta a los cursos de agua: el castor euroasiático y el castor americano (*Castor fiber* y *C. canadensis*, respectivamente). Como auténticos «ingenieros de ecosistemas», viven en humedales próximos a zonas arboladas, donde cortan árboles y represan corrientes; después construyen refugios para vivir en los estanques de los remansos de agua que crean. Además de mantenerse a salvo de los depredadores, esta actividad abre el dosel del bosque para que entre más luz, aumente el hábitat de madera muerta, ralentice los caudales río abajo y retenga nutrientes en las pozas; todo ello contribuye a crear nuevos hábitats para insectos, aves, murciélagos y anfibios.

El término biodiversidad —abreviatura de diversidad biológica— se refiere a la miríada de formas de vida de nuestro planeta que han evolucionado para depender unas de otras de maneras complejas, y abarca diversidad a escalas que van desde los genes individuales hasta los ecosistemas completos. En la escala más pequeña, las especies necesitan un arsenal de genes que les permita hacer frente a amenazas diversas. Si, por ejemplo, todas las plantas de una población solo tienen genes para tolerar condiciones húmedas, una sequía podría destruirlas. Si, en cambio, la poseen una amplia diversidad genética, al menos algunas plantas podrían tener genes que les permitan soportar condiciones secas y sobrevivir.

Para mantener la diversidad genética, las especies deben poder reproducirse a partir de un acervo genético tan amplio como sea posible. Esto solo se logra si existen grandes poblaciones de individuos. En el caso del castaño de Brasil, la especie ya se considera vulnerable a la extinción porque la deforestación ha reducido de forma significativa sus efectivos. A escala global, dos

de cada cinco especies de plantas están amenazadas de extinción, incluidas más de diecisiete mil
quinientas especies de árboles. Esto se debe a que
los humanos estamos provocando una pérdida de
biodiversidad a gran escala al invadir, contaminar
y destruir hábitats naturales, al consumir plantas y animales silvestres a ritmos insostenibles y al
no frenar el cambio climático causado por nuestra adicción a los combustibles fósiles.

Si una especie se vuelve rara o se extingue porque quedan pocas poblaciones —o ninguna—, la
comunidad de la que forma parte integral (como
la que engloba al castaño de Brasil y a sus aso-
ciados, flores, abejas y agutíes) se vuelve menos
resiliente. Y cuando desaparecen las suficientes
especies y comunidades —algo que puede ocurrir
con facilidad en un mundo tan interconectado—,
pueden colapsar ecosistemas enteros. Esto nos
afecta a todos, porque la biodiversidad nos proporciona alimentos, medicamentos y materiales;
regula ciclos naturales, como los que mantienen
niveles de oxígeno en la atmósfera compatibles
con la vida, y contribuye a nuestro bienestar. En
otras palabras, cada especie del planeta es un lujo
que no podemos permitirnos perder.

4. Cómo llegan las semillas de los árboles a nuevos pastos

Cuando el físico inglés Isaac Newton vio caer una manzana de un árbol en 1665, dedujo que la Tierra ejercía una fuerza sobre el fruto y formuló su teoría de la gravedad. Pero con esa deducción solo identificó una parte del drama científico que se había desarrollado ante sus ojos, porque también presenció la dispersión de semillas en acción. Al liberar sus frutos para que cayeran al suelo, el árbol había iniciado un proceso que, en un mundo ideal, haría que sus semillas encontrasen condiciones favorables de crecimiento, germinasen y dieran lugar a una nueva generación. La dispersión de semillas por gravedad (barocoria) es solo uno de los métodos que los árboles han desarrollado para llevar sus genes a «nuevos pastos»; otros incluyen tentar a los animales para que hagan ese trabajo por ellos (zoocoria), dejar que el viento las transporte (anemocoria) o delegar esa misión en las corrientes de agua (hidrocoria).

Una gran proporción de las plantas dispersa sus semillas gracias a los animales, con una mayor tendencia hacia la zoocoria en ambientes más húmedos. En los bosques tropicales, por ejemplo, al menos la mitad —y, a menudo, el 75 % o más— de las especies de árboles tienen frutos carnosos con semillas, adaptados para que los consuman aves y mamíferos. Los cálaos son especialmente eficaces en esta función, lo que les ha valido el apodo de «agricultores del bosque». Los cálaos bicornes, que viven en bosques de India, Bután, Nepal, el Sudeste Asiático continental y Sumatra, dispersan las semillas de hasta el 95 % de los frutos que comen, y pueden transportarlas hasta a 12 kilómetros del árbol del que se alimentaron. Tras consumir el fruto, las semillas pasan por su tubo digestivo y estas aves las expulsan con las heces al cabo de un par de horas.

Los elefantes tienen una reputación similar como jardineros formidables. Los elefantes africanos de bosque dispersan las semillas de al menos quinientas especies de plantas, mientras que los que recorren la sabana transportan semillas a distancias de hasta 65 kilómetros. Además, el estiércol en el que se «plantan» las semillas les ofrece protección frente a la depredación por escarabajos. Los investigadores han observado que los elefantes crean y mantienen senderos permanentes —parecidos a carreteras construidas por humanos— para buscar alimento. En un parque nacional de la República Democrática del Congo, esas rutas serpenteaban por bosques ricos en los alimentos preferidos de los elefantes. En otro parque, viajaban en línea recta entre grandes árboles frutales. En el Mfuwe Lodge, en Zambia, los elefantes atraviesan cada año la entrada para comerse los mangos de su árbol favorito.

En el extremo opuesto de la escala de tamaños, las hormigas resultan especialmente útiles para dispersar semillas en bosques templados caducifolios de Europa y Norteamérica. Las semillas adaptadas para la dispersión por hormigas llevan adherido un apéndice carnoso rico en proteínas o lípidos llamado elaiosoma. Atraídas por él, las hormigas transportan la semilla hasta el hormiguero. Cuando la colonia se ha comido el elaiosoma, desechan la semilla a la entrada del nido o en un montón de residuos externo, donde esta encuentra condiciones propicias para la germinación. Estos insectos también prestan un servicio secundario de dispersión para semillas dentro de frutos que han caído desde los árboles por gravedad o que otros animales han dejado caer. Un estudio sobre el «pimiento de mono», *Xylopia aromatica*, un árbol que crece en Brasil, mostró que, aunque las aves retiraban el 32 % de los frutos de las copas, hormigas de cinco géneros distintos se llevaban la mayoría de los frutos caídos (83 %) en veinticuatro horas.

El acopio y enterramiento de alimentos que realizan algunos animales es otra forma común de zoocoria; la dependencia del castaño de Brasil del agutí para dispersar sus semillas es un buen ejemplo. Sin embargo, se trata de una estrategia de resultado incierto. A veces, el volumen de semillas consumidas no compensa que unas pocas queden «plantadas»; en otras ocasiones, el almacenamiento en escondites aporta grandes ventajas a los árboles. Diversos estudios han mostrado que los córvidos que viven entre pinos y robles recogen semillas viables, las transportan a largas distancias y luego las entierran en lugares favorables para la germinación. Los autores calcularon el coste económico de sustituir por medios humanos la regeneración natural de robles realizada de esta manera por el arrendajo euroasiático (*Garrulus glandarius*) en el Stockholm Urban National Park entre 1400 y 6250 euros (esto es, entre 15 000 y 67 000 coronas suecas) por hectárea, según el método elegido para sembrar o plantar.

Algunas plantas han desarrollado adaptaciones que «estimulan» el comportamiento de los animales para aumentar la probabilidad de que las semillas y las nueces se almacenen en un lugar propicio para germinar, en lugar de ser ingeridas. Entre esas estrategias están: producir semillas con cubiertas duras que requieran tiempo para retirarse (como la nuez de Brasil), limitar la producción de semillas a una gran cosecha cada pocos años (vecería o *masting*) para favorecer que se almacenen y generar semillas sin olores intensos para que sean difíciles de localizar una vez enterradas. A la inversa, algunos animales llevan a cabo grandes esfuerzos para conservar sus reservas. En los bosques tropicales de la isla de Hainan, China, ardillas voladoras tallan ranuras en las nueces y las encajan en las horquetas de las ramillas para evitar que se caigan de los árboles. Al almacenarlas en altura, impiden que se descompongan o germinen rápidamente, algo que ocurriría con más facilidad si estuvieran enterradas en ambientes cálidos y húmedos.

Los árboles que crecen en espacios relativamente abiertos suelen valerse de la acción del viento para dispersar sus semillas. Para ello han desarrollado dos estrategias principales: dotarlas de penachos de pelos que las mantienen en el aire y producir semillas aladas.

Entre los árboles del primer tipo están los álamos y chopos (género *Populus*) y los sauces (*Salix*). Suelen producir enormes cantidades de semillas diminutas. Un solo álamo algodonero oriental (*Populus deltoides*) puede generar hasta 40 millones de semillas plumosas que cuelgan de las ramas como copos de algodón. La mayoría recorre solo una distancia corta antes de acumularse en el suelo como «nieve» de verano. Aun así, las tormentas pueden llevar semillas de *Populus* hasta a 30 kilómetros de distancia del árbol de origen.

Por evolución convergente, muchas especies arbóreas han desarrollado de forma independiente semillas aladas, las sámaras. Las coníferas gimnospermas estuvieron entre las primeras en adoptar este diseño hace 270 Ma. El registro fósil indica que produjeron semillas con un ala simple o doble. Sin embargo, las coníferas modernas —incluidos pinos, secuoyas, abetos y cedros— presentan exclusivamente semillas de un solo ala. Al evaluar el «vuelo» de semillas fósiles antiguas de coníferas, los científicos observaron que las semillas de un ala, que caen girando, se dispersan con mayor eficacia por el aire, y concluyeron que esta forma pudo contribuir al éxito de las coníferas. Hoy, los bosques de este grupo se extienden por todo el planeta.

Junto con los pinos, hay varios árboles con flor que también producen semillas aladas. Entre ellos figuran los olmos (con la semilla en el centro de un ala ovalada y papirácea), los fresnos (en los que está colocada en un extremo del ala, como en muchos pinos) y los arces, en los que dos semillas aladas asimétricas van unidas por la base. Al caer girando —o autorrotando— las semillas descienden más despacio y pueden recorrer más distancia. Los estudios muestran que la autorrotación de las semillas de arce genera un vórtice en el borde de ataque del ala, lo que les aporta sustentación.

El peso de la semilla suele indicar si el viento puede transportarla: en un análisis de treinta y ocho especies de pino (*Pinus*), con semillas de menos de 90 miligramos, los autores encontraron adaptaciones adecuadas para la dispersión por viento. Algunas simientes, como las de los sauces, pueden iniciar su viaje impulsadas por el viento y continuarlo después por corrientes de agua al caer en arroyos y ríos. La hidrocoria también puede actuar como forma principal de dispersión, como ocurre en el aliso común (*Alnus glutinosa*). Al final de la última glaciación, cuando las aguas de deshielo brotaban de los glaciares en retirada, el aliso figuró entre los primeros árboles en colonizar el terreno. Dado que necesita de una gran disponibilidad de agua, hoy ocupa suelos encharcados, riberas de ríos y orillas de lagos en buena parte de Europa, desde Escandinavia hasta el Mediterráneo. Parte de su éxito se explica por el uso de las vías fluviales para dispersar sus semillas, que tienen una cubierta externa oleosa y resistente al agua, además de cámaras flotantes semejantes al corcho.

Como plantas sésiles de gran tamaño, los árboles dependen de la dispersión de semillas —en combinación con la polinización— para establecer nuevas generaciones a una distancia suficiente del árbol progenitor (con el objetivo de evitar su sombra), pero lo bastante cerca como para encontrar condiciones de crecimiento similares. Sin embargo, el cambio climático inducido por la actividad humana está provocando múltiples impactos también en estos procesos, con fenómenos que van desde el aumento de las temperaturas hasta una mayor frecuencia de tormentas. Al mismo tiempo, la pérdida de biodiversidad está empujando a un número creciente de especies de plantas, animales y hongos hacia la extinción. En resumen, los árboles afrontan presiones derivadas del cambio de las condiciones climáticas en sus hábitats naturales y de perturbaciones humanas que afectan a sus poblaciones y a las de las especies de las que dependen. El método —o métodos— de dispersión de semillas que utilicen puede influir en sus probabilidades de supervivencia futura.

Dado que muchos árboles recurren a los animales para dispersar sus semillas, la combinación de cambio climático y pérdida de biodiversidad podría resultar especialmente perjudicial. Un estudio sobre plantas con frutos carnosos estimó que la pérdida de aves y mamíferos por actividades como la deforestación y la caza furtiva ya había reducido en un 60 % la capacidad de las plantas para seguir el ritmo del cambio climático. Por otra parte, otro trabajo comparó la diversidad de especies en dos islas vecinas —una sin sus dispersores vertebrados de semillas (aves y murciélagos) y otra que los conservaba— y comprobó que la presencia de vertebrados duplicaba aproximadamente la riqueza de especies de plántulas en los claros del dosel. Y, aunque las aves migratorias pueden transportar semillas a lo largo de decenas de kilómetros y, con ello, ayudar potencialmente a los árboles a desplazarse conforme cambian las condiciones climáticas, la mayoría de las aves que dispersan semillas en bosques europeos las transportan en la dirección menos útil. Esto ocurre porque la mayor parte de la dispersión tiene lugar en otoño, cuando las aves migran hacia el sur.

Los árboles que dependen del viento para dispersar sus semillas y polinizar podrían ver también cómo estas viajan en la dirección equivocada a causa del cambio climático. Aunque este difícilmente ocasionará grandes cambios en los patrones de viento globales, un estudio que superpuso datos de vientos y variación climática concluyó que tanto los árboles que se valían del viento en los trópicos y en las laderas de barlovento de las cordilleras para dispersar sus semillas como los polinizados serían especialmente vulnerables, porque el viento rara vez trasladaría sus semillas hacia zonas con condiciones climáticas favorables. En cambio, las especies más septentrionales podrían salir mejor paradas: los modelos sugieren que un aumento de 3 °C podría favorecer la dispersión a larga distancia tanto de semillas como de polen en los bosques boreales y, con ello, el movimiento de poblaciones y genes impulsado por el viento, aunque quizá no baste para compensar las pérdidas previstas de área de distribución. Los árboles que podrían resultar más vulnerables al cambio climático son los que dependen solo de la gravedad para reproducirse, como ocurre con los eucaliptos australianos. Estudios sobre más de seiscientas especies de eucalipto han señalado que las condiciones climáticas adecuadas podrían desplazarse hasta 1400 kilómetros entre 2014 y 2085. Sin embargo, las tasas de dispersión de semillas de eucalipto en periodos de unos setenta años equivalen aproximadamente a uno o dos metros por año, lo que suma unos 5 kilómetros en todo este intervalo. Aunque los eucaliptos se desplazan con eficacia por dispersión a escalas temporales muy largas, ese mecanismo apenas les permite seguir el ritmo de cambios que ocurren en pocas décadas. Además, una cuarta parte de las 826 especies de eucalipto ya están amenazadas de extinción.

En cuanto a la manzana, la naturaleza nunca «pretendió» que el fruto simplemente cayera del árbol, porque eso provocaría la competencia por los recursos entre progenitor y descendencia y entre plántulas hermanas, además de atraer a los depredadores de semillas. *Malus sieversii*, la especie silvestre considerada el principal ancestro de las manzanas domésticas (*Malus domestica*) —como la variedad Flower of Kent que observó Newton—, evolucionó para producir frutos grandes capaces de atraer a la megafauna que vivió durante la última glaciación. Hoy, aunque humanos y otros animales todavía dispersan las semillas de *M. sieversii* y el árbol también se reproduce por brotes de raíz, su área de distribución aparece muy fragmentada. Este caso nos recuerda que los grandes cambios ecológicos pueden tener efectos duraderos en especies y ecosistemas.

5. Los árboles sustentan nuestra existencia en la Tierra

El valle de Ica, en Perú, es uno de los desiertos más secos del mundo, pero no siempre fue así. Cuando el pueblo nasca vivía en esta zona costera del sur, hace 2200 años, cultivaba la tierra mediante sistemas de riego que captaban agua de ríos alimentados por lluvias estacionales procedentes de los Andes. Su sofisticada civilización —que dejó muestras artísticas extraordinarias como las Líneas de Nazca, geoglifos trazados sobre el terreno— perduró 800 años, hasta el año 600 d. C., pero después desapareció. ¿Por qué? Una hipótesis es que los nasca sellaron su propio destino al talar los huarangos locales (*Prosopis pallida*). Estos árboles, con raíces de 50 metros, pueden regular temperaturas elevadas y mantener la tierra húmeda. Sin embargo, sesenta tocones de huarango

hallados en el desierto y el análisis de polen pre-
servado indican que este pueblo arrasó los árboles para cultivar algodón y maíz. Sin árboles, el
ecosistema se hundió y, con él, la sociedad nasca.

En su época, los nasca no sabían que su existencia dependía del huarango, pero hoy reconocemos
que los árboles y los bosques nos proporcionan una
amplia gama de servicios ecosistémicos: desde la
regulación del clima y otros procesos ambientales
hasta la aportación de alimentos, madera y medicamentos, además de mejorar nuestro bienestar. Por
ejemplo, la transpiración de los árboles proporciona ciertos servicios a nivel de regulación térmica
e hídrica que habrían beneficiado al pueblo nasca.
En este proceso, los árboles extraen agua del suelo
y usan la energía térmica del entorno para evaporar
humedad por las hojas. Un solo ficus pequeño (*Ficus microcarpa*) transpira entre 36 y 55 kilogramos
de agua al día, equivalente al efecto de enfriamiento de un aire acondicionado de 1,6-2,4 kilovatios
funcionando durante veinticuatro horas. También
se ha observado que las zonas arboladas de las ciudades europeas pueden reducir la temperatura de
la superficie del suelo hasta en 12 °C con respecto
a los espacios sin árboles.

Dentro de los bosques, el vapor de agua que liberan las hojas durante la transpiración puede acumularse sobre el dosel y formar nubes. Estas descargan lluvia en su entorno o más lejos, allá donde las transportan las corrientes de aire. Alrededor de la mitad de la lluvia que cae en la selva amazónica procede de este «reciclaje» de humedad. El vapor de agua originado en el océano Atlántico forma inicialmente nubes que los vientos alisios empujan hacia el oeste y llevan lluvia al este de la Amazonia, donde los árboles la absorben y la transpiran. Las nubes que se forman allí también viajan hacia el oeste y, mediante la repetición continuada de este proceso, el agua atraviesa la selva en «ríos voladores». Al chocar con la barrera de los Andes, que limitan la costa occidental de Sudamérica, el aire cargado de humedad se desvía hacia el sur, donde sostiene una vasta región agrícola productora y exportadora de alimentos. De esta manera, los árboles pueden ayudar a sostener la agricultura en regiones y comunidades muy alejadas de donde crecen.

Asimismo, los árboles desempeñan un papel en la regulación del clima a escala global al reciclar carbono. En un proceso circular, los átomos de carbono se reciclan constantemente entre la atmósfera, los suelos, las rocas, los sedimentos, el océano y los seres vivos. Cuando los árboles realizan la fotosíntesis, gran parte del dióxido de carbono que captan se convierte en nuevas hojas y madera, pero una porción vuelve a la atmósfera mediante la respiración. También liberan oxígeno y contribuyen a enriquecer el aire que respiramos. Cada vez que caen hojas o ramillas de un árbol al suelo, el carbono que contienen puede liberarse de nuevo al aire o quedar retenido allí. Con todo, la mayor parte del árbol almacenará carbono durante toda su vida —o más tiempo, si su madera se conserva íntegra, por ejemplo, cuando se emplea como tablones de una embarcación o para crear un mueble—. Esto evita que ese carbono regrese a la atmósfera en forma de CO_2.

Durante los 6000 años previos a la Revolución Industrial, el ciclo global del carbono mantuvo la concentración de CO_2 atmosférico en torno a 280 partes por millón. A partir de entonces empezamos a quemar combustibles fósiles para impulsar fábricas, calentar hogares y mover vehículos. Como esos combustibles contienen carbono procedente de plantas enterradas hace millones de años, nuestras acciones liberaron CO_2 a la atmósfera a tal ritmo que se alteró el equilibrio y la concentración se elevó hasta el nivel actual de 420 partes por millón. La Tierra está experimentando un sobrecalentamiento porque el CO_2 y otros gases de efecto invernadero de la atmósfera absorben la radiación infrarroja térmica (derivada de la luz solar, pero reemitida por las superficies terrestres). Por ello, la deforestación contribuye al cambio climático, mientras que plantar árboles puede ayudar a reducir el CO_2 atmosférico al almacenar carbono.

El grueso de la deforestación actual se produce en el bioma de bosques tropicales, por lo general para convertirlos a usos agrícolas. No obstante, los árboles y los bosques contribuyen a la agricultura de múltiples maneras. Además de regular la humedad y el abastecimiento de agua, los árboles reciclan nutrientes mediante la producción y descomposición de la hojarasca. Previenen la erosión del suelo y reducen las inundaciones al interceptar la lluvia (de modo que menos agua golpea directamente el terreno), al reducir la humedad mediante la transpiración y al fijar el terreno con sus raíces. La biodiversidad que sostienen también aporta servicios críticos de polinización. A escala global, los rendimientos de los cultivos de café pueden ser hasta un 30 % más altos en paisajes con mayor riqueza de especies de abejas, algo que podría depender de la disponibilidad de hábitat forestal en el entorno. Los estudios han demostrado que la agroforestería —un método de cultivo que combina árboles y arbustos con cultivos y ganado— mejora la producción de alimentos y contribuye a que la agricultura sea más sostenible.

Por supuesto, los árboles también nos proporcionan alimentos directamente: la mayoría de los frutos secos y la mitad de las frutas cultivadas que comemos proceden de árboles. Muchos de estos alimentos son muy nutritivos y nos ayudan a mantenernos sanos. Los pistachos tienen propiedades antioxidantes y antiinflamatorias beneficiosas para la salud cardiovascular, comer nueces puede reducir el colesterol y las manzanas son ricas en fibra, necesaria para moderar los niveles de azúcar en sangre y mantener un intestino saludable. Entre 2021 y 2022 se produjeron en todo el mundo más de 5 millones de toneladas métricas de frutos secos de árbol, con almendras, nueces y anacardos en los tres primeros puestos del mercado, respectivamente. La manzana ocupaba el primer lugar entre las frutas de árbol, con un mercado global valorado en más de 67 000 millones de euros. En 2021 consumimos 93 millones de toneladas métricas.

La evolución de la leñosidad en los árboles ha sido enormemente valiosa para la humanidad. La madera de acacia presente en las hachas de mano de piedra halladas en Tanzania, en África, sitúa el trabajo de esta materia prima en un tiempo tan lejano como hace 1,5 millones de años. Y, pese a la disponibilidad actual de plásticos y otros materiales artificiales, utilizamos más madera que nunca. En 2018, la Organización de las Naciones Unidas para la Alimentación y la Agricultura (FAO) informó de que la producción y el comercio de los principales productos madereros del mundo (incluidos los troncos, la madera aserrada y los paneles a base de madera, como el contrachapado y las chapas laminadas) alcanzaron sus niveles más altos desde que la FAO empezó a registrar estadísticas forestales en 1947.

Los árboles producen, además, una amplia gama de productos útiles: el 47 % del caucho utilizado en el mundo es natural y procede del látex (savia lechosa) del árbol del caucho (*Hevea brasiliensis*), los tapones de corcho para botellas de vino provienen de la corteza del alcornoque (*Quercus suber*) y la colofonia que aporta fricción al arco de los violinistas y a las zapatillas de los bailarines de ballet procede de la resina de los pinos.

Como parte de sus estrategias de supervivencia, las plantas —incluidos los árboles— producen compuestos complejos que ayudan a disuadir plagas o a protegerse frente a peligros ambientales, como los niveles altos de radiación ultravioleta. A menudo, esos compuestos también resultan eficaces contra enfermedades humanas, y muchos han inspirado medicamentos importantes. El tejo del Pacífico (*Taxus brevifolia*) produce el compuesto tóxico paclitaxel, que hoy se sintetiza para elaborar un fármaco de quimioterapia; un compuesto presente en los manzanos (*Malus*) condujo al desarrollo de las «gliflozinas», una clase de fármacos usada para controlar la glucosa en personas con diabetes, y una sustancia producida por el quillay (*Quillaja saponaria*) se ha incorporado a una vacuna contra el herpes zóster. Dado que todavía no se han examinado los compuestos activos de muchas especies, los bosques biodiversos del mundo constituyen un botiquín en gran medida sin explorar.

En los últimos años, numerosos estudios han hallado que el simple hecho de estar entre árboles beneficia nuestra salud. Pasear por el bosque, por ejemplo, puede reducir la frecuencia cardiaca y la presión arterial, disminuir la glucemia en pacientes con diabetes, mejorar la calidad del sueño y favorecer la salud mental. Se estima que los paseos por zonas arboladas ahorran millones de euros al año en costes de salud mental. En 2023, un estudio realizado por científicos con especialidades que iban desde la silvicultura y la ecología hasta la psicología y la epidemiología evaluó los beneficios para la salud de pasar tiempo en distintos tipos de bosques, espacios verdes y árboles fuera de masas forestales. Encontraron evidencias de una amplia gama de asociaciones beneficiosas, incluida la influencia en el neurodesarrollo infantil, la salud mental y cardiometabólica en adultos y el envejecimiento cognitivo y la longevidad en personas mayores.

Aunque muchas personas se benefician de los bosques de forma indirecta, millones de quienes viven dentro y cerca de bosques naturales también dependen de ellos directamente. De los 1600 millones de personas que viven en el mundo a menos de 5 kilómetros de un bosque, más de dos tercios habitan en países de ingresos bajos o medios. Para ellas —de las cuales 250 millones son extremadamente pobres—, los bosques aportan alimentos vitales, combustible para cocinar y calentarse, medicinas, refugio y medios de vida. Grupos indígenas de la Amazonia peruana han utilizado durante mucho tiempo la *Acmella oleracea* como anestésico para tratar el dolor de muelas. Como ejemplo de cómo el uso sostenible de los bosques puede ofrecer una vía potencial de salida de la pobreza, es posible que los componentes activos de la planta se incorporen pronto a un gel analgésico, con beneficios que repercutirían en la población local.

Asignar un valor a los diversos beneficios que las personas obtienen de los árboles y los bosques resulta complejo, pero puede contribuir a su conservación. En Vietnam, antiguos madereros trabajan ahora como guías de ecoturismo y obtienen más por proteger el bosque que por destruirlo. A escala global, se ha estimado que el valor de los bosques puede alcanzar los 126 billones de euros, y que el almacenamiento de carbono representa hasta el 90 % de esa cifra.

Este dato confirma que todos necesitamos los servicios que prestan los árboles para sobrevivir. Sin embargo, en los diez mil años posteriores al final de la última glaciación, la cobertura forestal global ha caído en un tercio, del 57 % de la tierra habitable al 38 %. La selva amazónica, crucial para la biodiversidad, los patrones climáticos regionales y el ciclo global del carbono, está especialmente en peligro. En 2021, las tasas de deforestación en la Amazonia brasileña alcanzaron un máximo de quince años, con pérdidas anuales superiores a 10 000 kilómetros cuadrados. Cuando se pierde una cierta fracción de la selva —estimada entre el 20 % y el 25 %—, los científicos temen que deje de generar las lluvias que necesita para sostenerse. Esto desencadenaría su transformación en un ecosistema de sabana, con la correspondiente caída de las precipitaciones a nivel regional de alrededor de una quinta parte. En 2022, el 20 % de la selva ya se había perdido de forma irrecuperable, de modo que este punto de inflexión quizá ya se haya sobrepasado.

El proceso que hoy vemos en la Amazonia, en el que el agua del Atlántico pone en marcha el reciclaje hacia el oeste de la humedad de la selva, es consecuencia de patrones globales de viento. Durante mucho tiempo, los meteorólogos han considerado que estos se deben a diferencias de presión atmosférica, con aire moviéndose entre zonas de baja presión (por ascenso de aire cálido) y regiones de alta presión (por descenso de aire frío), en tres células latitudinales por hemisferio, igualmente espaciadas. La rotación de la Tierra provoca que el aire se desvíe hacia la derecha en el hemisferio norte y hacia la izquierda en el hemisferio sur, lo que explica los vientos alisios del este sobre la Amazonia. Sin embargo, algunos científicos creen que la transpiración en la Amazonia actúa como una «bomba biótica» que, en realidad, impulsa los patrones del viento. Si tienen razón, su pérdida podría detener casi por completo la lluvia en las zonas remotas del interior. En un eco del destino que alcanzó a los nasca hace 1500 años, una vasta extensión de terreno podría transformarse, no en sabana, sino en desierto, con implicaciones para todos nosotros.

6. El problema de las plagas y las enfermedades

Durante la pandemia mundial que comenzó en 2019, la naturaleza se convirtió en un refugio para muchos. Sucedió que algunas de las personas que se adentraron en los bosques del Reino Unido encontraron antiguos bosques mixtos, poco antes frondosos y exuberantes, arrasados por la muerte de numerosos fresnos a causa de la «seca del fresno». Por los tocones y montones de troncos que quedaron tras talar los ejemplares afectados, no había duda del impacto que había tenido la enfermedad. Rama tras rama, tronco tras tronco, el núcleo central de la madera se había ennegrecido: el sistema vascular que transporta agua y nutrientes por los árboles había colapsado.

Y lo peor de todo es que la enfermedad sigue campando por los bosques. Se prevé que, con el tiempo, la seca del fresno acabe matando al 95-99 % de los 153-186 millones de fresnos del Reino Unido (más de 1800 millones de plántulas y brinzales) en los bosques, setos, parques, pueblos y ciudades, transformando el paisaje para siempre.

El responsable es un hongo llamado *Hymenoscyphus fraxineus*, que al principio se manifiesta con unas hojas marchitas, lesiones en la corteza y brotes secos. El hongo pasa el invierno en la hojarasca del suelo y, entre julio y octubre, produce unos pequeños cuerpos fructíferos blancos. Estos liberan esporas a la atmósfera, que el viento puede transportar y depositar a distancias de hasta 30 kilómetros. Si se da el caso de que caen sobre las hojas del fresno, pueden penetrar en el tejido y crecer dentro del árbol. Los ejemplares afectados, o bien mueren por la enfermedad o bien, una vez debilitados, se convierten en el objetivo de otros organismos oportunistas, como la «seta de miel» (varias especies del género *Armillaria*, que atacan las raíces de plantas leñosas).

Esta enfermedad destructiva se originó en Asia oriental, donde afectaba a los fresnos manchuriano y chino (*Fraxinus mandshurica* y *F. chinensis*, respectivamente). Lo cierto es que, al evolucionar juntos, poco a poco estos hospedadores desarrollaron defensas contra el hongo. Pero el fresno europeo (*Fraxinus excelsior*), que crece de forma natural en todos los países europeos salvo Portugal, no tenía en sus genes el «arsenal» necesario como para combatirlo.

En 1992, la seca del fresno se registró en el noroeste de Polonia y, desde allí, se extendió por la mayor parte del este, el centro y el norte de Europa. En el Reino Unido se confirmó por primera vez en 2012, a partir de un envío de plantas de fresno infectadas que viajó de un vivero de los Países Bajos a otro en Buckinghamshire, aunque los científicos creen que el hongo ya estaba presente en el país desde la década de 1990.

No es la primera vez que una enfermedad acaba con la vida de poblaciones de árboles en el Reino Unido. A finales de las décadas de 1960 y 1970, la grafiosis (la enfermedad holandesa del olmo) aniquiló a más de 25 millones de árboles adultos y dejó el campo británico desolado. Escenas bucólicas, como la del carro que cruza un arroyo flanqueado por elegantes olmos en *The Hay Wain*, de John Constable, cambiaron para siempre.

Introducido desde Asia, el hongo se detectó en Francia, los Países Bajos, Bélgica y Alemania entre

1918 y 1921, y se propagó con rapidez. En Gran Bretaña se observó por primera vez en 1927. La enfermedad recibió el nombre de «enfermedad holandesa del olmo» tras el trabajo minucioso de siete científicas neerlandesas, que identificaron como agente causal el hongo *Graphium ulmi* (hoy *Ophiostoma ulmi*) y estudiaron su patología. Hacia la década de 1940, la grafiosis parecía haberse atenuado en Europa. Sin embargo, a finales de los años sesenta, un patógeno más agresivo, *Ophiostoma novo-ulmi*, desplazó al anterior.

Se sabe que dos tipos de escarabajo de la corteza transportaron el hongo hacia el oeste a través de la Europa continental y lo introdujeron en el campo británico. Allí, este atacó al olmo de montaña (*Ulmus glabra*), autóctono, y al olmo campestre (*Ulmus minor*), introducido durante la Edad del Hierro. La enfermedad se desarrolla en los tejidos del xilema, responsables de llevar agua y nutrientes desde las raíces hacia las ramas. Cuando los árboles infectados intentan frenar al hongo bloqueando las células del xilema, cortan su propio suministro de agua y, en la práctica, se «suicidan». Actualmente, la enfermedad sigue extendiéndose hacia el norte en el Reino Unido. En 2021 se confirmó que el olmo más antiguo de Gran Bretaña —un olmo de montaña de casi 800 años situado en Beauly, en las Tierras Altas de Escocia— padecía grafiosis. Murió en 2023.

La grafiosis fue la primera gran infección registrada que afectó a los árboles en el Reino Unido. Después, empezaron a llegar cada vez más plagas y enfermedades nuevas. El gran escolítido, un tipo de escarabajos, del abeto apareció en 1983; el minador, una larva de un insecto, de la hoja del castaño de Indias, en 2002; la procesionaria, una larva u oruga, del roble, en 2006; el chancro, una enfermedad fúngica, del castaño, en 2012; la mosca de sierra «en zigzag» del olmo, en 2017... y la lista continúa. Estas llegadas se sumaron a la presión que ya sufrían los árboles por parte de los mamíferos que consumen sus hojas y brotes —como ciervos y ovejas— y por ardillas que descortezan los troncos.

El Registro de Riesgos para la Sanidad Vegetal del Reino Unido, que lleva a cabo un seguimiento de los riesgos y los prioriza para la acción, enumera más de mil plagas y enfermedades preocupantes, de las cuales alrededor del 30 % puede afectar a los árboles. Entre abril de 2021 y marzo de 2022, el público presentó 3790 avisos de plagas y enfermedades, un 25 % más que el año anterior.

El deterioro agudo del roble es una enfermedad que causa actualmente una enorme preocupación en el Reino Unido. El roble es un árbol emblemático en Gran Bretaña y representa el 16 % de los bosques de frondosas. Muchos ejemplares son muy longevos: en Inglaterra hay más de veinticinco lugares en los que abundan ejemplares antiguos, y el país reúne más individuos de esta especie con una circunferencia superior a 9 metros —un indicio de gran edad— que toda Europa. Se sabe que la enfermedad está presente en el Reino Unido desde hace unos treinta años, pero a comienzos del nuevo milenio empezó a atacar y matar robles pedunculados y albares adultos (*Quercus robur* y *Quercus petraea*, respectivamente). La enfermedad surge de una combinación destructiva entre bacterias y escarabajos. Favorecida por el nitrógeno que se deposita sobre las hojas del roble, una bacteria llamada *Brenneria goodwinnii* desciende por los troncos y produce sustancias químicas que atraen al escarabajo *Agrilus biguttatus*. Cuando este llega, deposita sus huevos bajo la corteza, de donde nacen unas larvas voraces.

La presencia del escarabajo desencadena que *Brenneria goodwinnii* libere proteínas que ablandan la madera; así, la bacteria puede alimentarse del tejido reblandecido y las larvas se establecen en galerías dentro del cámbium vascular, la «sala de máquinas» del crecimiento en grosor y diámetro del árbol. En los árboles debilitados, la putrefacción penetra en el xilema hasta el punto de que la savia ascendente rezuma por las cavidades, en unas supuraciones negras típicas de la enfermedad.

Los científicos creen que los niveles elevados de nitrógeno —posiblemente relacionados con fertilizantes nitrogenados usados en la agricultura— pueden estar debilitando la capacidad de los árboles para defenderse. No solo los depósitos de sales nitrogenadas sobre las hojas favorecen la presencia de bacterias: la contaminación por nitrógeno también perjudica las asociaciones micorrícicas, beneficiosas para el árbol, que se forman entre las raíces del roble y los hongos del suelo. Y, como el deterioro agudo del roble parece concentrarse en zonas propensas a la sequía, es posible que el estrés climático también esté conllevando que estos árboles sean cada vez más vulnerables al ataque.

El cambio climático, sin duda, está ayudando a que otras plagas y enfermedades, entre ellas el tizón de la punta por *Diplodia*, se consoliden en nuevos territorios. El primer gran brote de esta enfermedad en el norte de Europa se produjo en los pinos silvestres (*Pinus sylvestris*) en Suecia, en 2016. Los científicos que reconstruyeron la progresión del tizón en el país observaron que los ataques aislados habían comenzado una década antes y habían llevado a que, en 2016, el 90 % de los árboles estuvieran afectados. Las temperaturas cálidas causaban un mayor daño y un crecimiento más lento, mientras que unas condiciones más frías y húmedas generaban un mayor crecimiento y una reducción de los ataques.

El aumento de las temperaturas podría estar implicado también en la expansión de la seca del fresno: en Noruega se ha observado que las poblaciones del hongo responsable, *H. fraxineus*, crecen mejor a temperaturas más altas y se expanden vertiginosamente cuando las condiciones locales son favorables.

Aunque las enfermedades de las plantas son un fenómeno natural —presente en el registro fósil desde hace 250 millones de años—, en los ecosistemas naturales coevolucionan plantas y patógenos:

las plantas adquieren resistencia, mientras que los patógenos se vuelven cada vez más agresivos en respuesta a su entorno. La aparición de plagas y enfermedades vegetales fuera de esos ecosistemas estables se ha relacionado con el movimiento a gran escala de los seres humanos por el planeta, que comenzó con el «intercambio colombino» de personas y plantas entre Europa y las Américas desde finales del siglo XV. El posterior aumento de la población mundial y la expansión de las redes comerciales han hecho que el número y la gravedad de las enfermedades vegetales aumenten exponencialmente en los dos últimos siglos.

El declive de la gestión de los bosques —a medida que el acero, el plástico y el hormigón han sustituido a los productos tradicionales elaborados con madera— también ha contribuido a crear condiciones en las que las plagas y las enfermedades pueden establecerse en los árboles de forma sigilosa.

Otro «polizón» indeseable al que las autoridades vigilan de cerca en la actualidad es *Xylella*. Es el nombre genérico que se ha dado a un conjunto de enfermedades causadas por la bacteria *Xylella fastidiosa* en árboles como el roble, el olmo, el plátano (de sombra), el almendro, los cítricos y el olivo, además de en otras plantas. Existen cuatro subespecies, que afectan a distintos grupos de plantas, con síntomas que van desde el «quemado» foliar y el marchitamiento del follaje hasta el secado de las ramas y la muerte. Hasta mediados de 2023, *Xylella* se había detectado en Francia, España, Italia, Portugal, las Américas y Taiwán. Italia ha destruido decenas de miles de olivos para evitar que *Xylella* se siga propagando.

La aparición de cualquier patógeno arbóreo destructivo depende de tres elementos: una plaga o enfermedad virulenta, condiciones ambientales que favorezcan su propagación y un hospedador susceptible. Por eso, los esfuerzos para combatir estos brotes suelen centrarse en eliminar uno de esos componentes. Esto puede implicar aplicar pesticidas o fungicidas con el fin de erradicar el patógeno, gestionar los bosques de un modo que favorezca la salud de los árboles frente a la propagación de la enfermedad o introducir resistencia en la especie hospedadora mediante programas de mejora. En el medio siglo transcurrido desde que la grafiosis se asentó, los Países Bajos, Francia, España, Italia, Canadá y Estados Unidos han llevado a cabo programas de investigación en los que se ha logrado cultivar olmos que ya no enferman, y en el Reino Unido se están realizando ensayos con ellos.

En la granja Great Fontley, en Hampshire (Reino Unido), escondido tras una imponente casa de labor de entramado de madera del siglo XVI, se desarrolla uno de los cinco ensayos con olmos que dirige la organización benéfica Butterfly Conservation. Aquí crecen, en campos separados de un vertedero por una estrecha franja de bosque antiguo, unos cien olmos: dieciséis de ellos son variedades de árboles resistentes a la enfermedad.

La motivación de estas plantaciones de ensayo fue evaluar el potencial de los árboles como plantas hospedadoras de la rabicorta w-blanca (*Satyrium w-album*), una especie de mariposa protegida en el Reino Unido que se alimenta de las flores, semillas y hojas de los olmos maduros. Entre 1976 y 2019, la población de estos animales cayó un 78 % en Inglaterra y Gales, y en 2010 se la incluyó como «en peligro» en la Lista Roja Especies en Peligro de Gran Bretaña de la Unión Internacional para la Conservación de la Naturaleza (UICN). En 2019 se comprobó que había colonizado el emplazamiento de Great

Fontley Farm y otro lugar de ensayo perteneciente a la organización Butterfly Conservation en la cercana Portsdown, y también se ha establecido en olmos resistentes a la enfermedad que crecen en la isla de Wight. En la actualización más reciente de la Lista Roja de la UICN, publicada en 2022, su estado de conservación había mejorado a «vulnerable a la extinción».

En medio de la devastación actual causada por la seca del fresno, la recuperación de la rabicorta w-blanca es una señal de esperanza: los eslabones rotos de la biodiversidad pueden volver a conectarse con conocimiento científico, tiempo y perseverancia. Sin embargo, del mismo modo que la gestión del brote de la COVID-19 resultó complejo y costoso, también lo es combatir las plagas y enfermedades de los árboles. Está claro que, tanto para los árboles como para los humanos, más vale prevenir que curar. Y, como la pérdida de biodiversidad está implicada en la aparición de enfermedades humanas, incluida la COVID-19, ayudar a que los bosques prosperen no solo beneficiará a los árboles, sino que también podría ayudarnos a evitar futuras pandemias.

7. Los bosques silvestres son fundamentales

Un bosque próspero puede significar cosas distintas dependiendo de la persona. Mientras que un científico puede considerarlo un valioso patrimonio biológico que proporciona servicios ecosistémicos al planeta, una comunidad cercana podría verlo, ante todo, como una despensa, una fuente de sustento y parte de su identidad cultural. Los turistas quizá visiten el bosque por placer o para mejorar su bienestar, pero los funcionarios del Gobierno pueden llegar a valorarlo únicamente como un negocio lucrativo, gracias a la venta de su madera. Conservar un bosque con éxito es, por tanto, un ejercicio de diplomacia: exige que se atiendan muchas necesidades y expectativas priorizando, al mismo tiempo, la preservación de las especies y el uso sostenible frente a la explotación destructiva. A veces, además, un poco de «magia» de estrella de cine tampoco viene mal.

El bosque de Ebo, en Camerún, es un ejemplo. No se estudió hasta principios del siglo XXI y, después, se descubrió que albergaba poblaciones de animales de importancia mundial, incluidos gorilas, raros ejemplares de chimpancé procedentes de Nigeria-Camerún (de los que se sabe que usan herramientas tanto para cascar frutos secos como para «pescar» termitas), elefantes de bosque, el colobo rojo de Preuss, en peligro crítico de extinción, y la rana goliat (*Conraua goliath*), la más grande del mundo. Por su parte, los botánicos que exploraron el bosque comprobaron que tenía una flora extraordinariamente rica: encontraron más de ochocientas especies de plantas, de las cuales más de setenta y cinco estaban bajo amenaza de extinción. Entre ellas, nueve eran conocidas únicamente en ese bosque, incluida *Kupeantha ebo*, un pequeño árbol en peligro crítico de extinción emparentado con el café.

El Gobierno camerunés había barajado la idea de convertir el bosque de Ebo en parque nacional en 2006, pero en 2020 dio marcha atrás y anunció planes para crear dos concesiones madereras que, en conjunto, abarcarían un área aproximadamente del tamaño de Singapur. Esto suscitó una fuerte oposición por parte de los líderes de las comunidades Banen que viven en torno al bosque —que lo consideraban su hogar ancestral—, así como de científicos y ambientalistas. Después de que más de sesenta conservacionistas firmaran una carta dirigida al primer ministro de Camerún y destacaran los primates y plantas únicos del bosque, el presidente revocó las concesiones madereras. También pudo haber influido la intervención del actor Leonardo DiCaprio, ganador de un Óscar, que expresó su apoyo a la campaña en redes sociales. Finalmente, se le dio una tregua al bosque, pero sigue sin estar garantizada su conservación a largo plazo.

Los parques nacionales y otras áreas protegidas afines han sido el principal método de conservación *in situ* —que busca proteger las especies en sus hábitats originales— desde finales del siglo XVIII. En esa época se estableció la Reserva Forestal de Main Ridge en la isla de Tobago, y Mongolia decretó que el área de Bogd Khan Uul —una zona de praderas templadas y bosque—, debía protegerse por su belleza. El Yellowstone, en Estados Unidos, se considera el parque nacional, propiamente dicho, más antiguo. Se declaró como tal con el fin de preservar los paisajes naturales y la fauna y flora que alberga, y para que el público pudiera acceder con mayor facilidad a él.

En la actualidad existen más de 285 000 áreas protegidas en todo el mundo, entre las que se cuentan parques nacionales, reservas naturales y áreas silvestres, en 244 países y territorios. Aproximadamente el 21 % de la superficie forestal global está bajo algún tipo de protección legal.

En paralelo a la conservación *in situ*, existen métodos *ex situ* que preservan semillas, tejidos y secuencias de ADN en otros lugares. Entre ellos, figuran el mantenimiento de colecciones vivas de especies vegetales, la conservación de partes de plantas en alcohol, la creación de bancos de ADN y los bancos de semillas, tareas que suelen desempeñar los jardines botánicos.

Almacenar semillas es una forma eficaz de guardar germoplasma de muchas especies arbóreas en poco espacio. Consiste en recolectar semillas de poblaciones silvestres, secarlas cuidadosamente, realizar pruebas de germinación para asegurar que crecerán si se siembran y, por último, almacenarlas en un estado de congelación profunda, a alrededor de −20 °C. Este método se limita a las semillas «ortodoxas», porque son las únicas que soportan el secado y pueden conservarse de este modo. Las semillas «recalcitrantes» —las que no pueden secarse y entre las que se incluyen muchas especies de selva tropical— plantean un reto mucho mayor. Actualmente se están desarrollando nuevos métodos para conservarlas, como la criopreservación de embriones y tejidos.

El Proyecto de Banco de Semillas del Milenio (MSB, por sus siglas en inglés) de los Reales Jardines Botánicos de Kew, en el Reino Unido, es el mayor y más diverso repositorio de material genético de plantas silvestres del mundo. Los 2,4 mil millones de semillas que almacena, pertenecientes a ciento noventa países y territorios, representan cuarenta mil especies, muchas de ellas amenazadas de extinción. Entre las diversas iniciativas del MSB, el Proyecto Nacional Británico de Semillas de Árboles recopiló semillas de las aproximadamente setenta y cinco especies autóctonas de árboles y arbustos del Reino Unido. Actualmente se conservan más de 13 millones, con la geolocalización precisa de cada árbol donante y algunas pertenecientes a ejemplares concretos almacenadas por separado.

La mayoría de las semillas de especies arbóreas del Reino Unido son ortodoxas y pueden
conservarse con los métodos convencionales. Sin
embargo, curiosamente, las de robles y castaños
son recalcitrantes. Almacenar semillas de estos
árboles exige conservación criogénica, que consiste en secar con rapidez la parte embrionaria
de estas y, después, sumergirla en un gas licuado
—habitualmente nitrógeno líquido— a −196 °C.

Al recolectar semillas de cualquier tipo para su
conservación, es fundamental que la colección dis-
ponga de una amplia diversidad genética. Cuanto más variada sea la reserva genética protegida,
mayor será la probabilidad de que incluya rasgos
que confieran a las plantas la capacidad de afrontar
distintas condiciones ambientales —de lo árido a
lo húmedo, de lo cálido a lo frío— y de resistir
un amplio abanico de plagas y enfermedades. Por
este motivo, los botánicos eligen las semillas para
los bancos con el mayor cuidado, por ejemplo,
muestrean tanto el centro como los bordes de un
bosque y toman semillas del dosel para aumentar
la probabilidad de que el polen fecundante proce-
da de ejemplares lejanos. Guardan por separado las
semillas de cada «árbol madre», de modo que, si se

descubre que un ejemplar posee un rasgo especialmente valioso —por ejemplo, resistencia a la seca del fresno—, sea posible acceder a los genes de ese ejemplar en concreto.

Estas semillas de árboles del Reino Unido podrían utilizarse en programas de regeneración forestal y de plantación de árboles, incluidos aquellos orientados a implantar árboles capaces de adaptarse al cambio climático en los próximos años. El trabajo de conservación del MSB en el resto del mundo consiste, además, en apoyar a países para recolectar y salvaguardar semillas de especies económicamente valiosas, amenazadas o endémicas (que no crecen en ningún otro lugar). Por ejemplo, hace poco colaboró con Georgia y Armenia para la conservación en un banco de semillas de ciento veintidós especies de árboles frutales y de fruto seco.

En aldeas como Mchadijvari, al norte de la capital georgiana, Tiflis, las familias acuden cada año, entre mediados y finales del verano, a los bosques mixtos de frondosas de su entorno para recolectar frutas y frutos secos de los manzanos silvestres, espinos albares, cornejos, avellanos, nísperos europeos, ciruelos y cerezos, y con todo lo que cosechan elaboran mermeladas, zumos y tinturas medicinales. El MSB trabajó con comunidades como las de Mchadijvari para ayudarles a evitar la sobreexplotación de las especies comunes de fruta y fruto seco, e identificar y conservar poblaciones de especies amenazadas. También apoyó a Georgia para crear su propio banco de semillas en el Jardín Botánico Nacional de Tiflis.

Muchos de los árboles frutales y de fruto seco que crecen silvestres en Georgia y Armenia son especies ancestrales cultivadas de las que comemos hoy. Entre ellas, se cree que el endrino (*Prunus spinosa*) contribuyó a dar forma a las ciruelas y las ciruelas damascenas modernas, mientras que el manzano silvestre (*Malus orientalis*) podría ser un ancestro de las manzanas domesticadas.

Al cultivar diversas especies, los agricultores han priorizado la conservación de los genes con rasgos deseables —como un aspecto atractivo, buen sabor y capacidad de conservación— y han descartado otros que habrían permitido a las plantas afrontar una amplia gama de condiciones ambientales. Por esta razón, los cultivos suelen ser genéticamente más uniformes que las plantas ancestrales de las que proceden. Esto importaba menos cuando el clima era estable, pero ahora que el cambio climático es una realidad creada por los humanos, los genes responsables de la adaptación son decisivos.

Conservar árboles silvestres de fruta y fruto seco tiene un beneficio doble: por una parte, garantiza que las comunidades rurales puedan seguir obteniendo medicinas, ingresos y alimento de los bosques de su entorno, y, por otra parte, conserva la diversidad genética de las plantas silvestres originales, para que, si en el futuro no se adaptan al clima, se puedan usar sus genes para fortalecerlos. Para preservar árboles y bosques de forma eficaz, primero necesitamos saber qué especies requieren más medidas de protección.

El estándar de referencia para evaluar el estado de conservación de las especies es la Lista Roja de Especies Amenazadas de la Unión Internacional para la Conservación de la Naturaleza (UICN). Esta se encarga de hacer una evaluación teniendo en cuenta criterios que incluyen el área de distribución geográfica, el tamaño de la población y las amenazas. Esta información se utiliza para clasificarlas en las siguientes categorías: Extinta (EX), Extinta en estado silvestre (EW), En peligro crítico (CR), En peligro (EN), Vulnerable (VU), Casi amenazada (NT), Preocupación menor (LC) o Datos insuficientes (DD).

Por su parte, ThreatSearch es una base de datos global —gestionada por Botanic Gardens Conservation International (BGCI)— que reúne todas las evaluaciones de conservación de plantas conocidas a escala mundial, nacional y regional, incluidas las de la Lista Roja, y funciona como una ventanilla única para consultarlas. Este tipo de evaluaciones ayuda a las autoridades a repartir mejor los fondos de conservación, delimitar áreas protegidas y decidir si se autoriza o no la ejecución de determinados proyectos.

La Evaluación Global de Árboles, una iniciativa de BGCI, busca calcular el riesgo de extinción al que se enfrenta cada una de las 58 497 especies de árboles conocidas en el mundo. Basándose en las evaluaciones de conservación del 80 % de ellas, estima que el 31 % de todas las especies arbóreas —más de 17 500— está amenazado de extinción. Las cuatrocientas cuarenta especies de árboles al borde de desaparecer habitan lugares y ambientes muy diversos. Abarcan desde el árbol nacional de Malawi, el cedro de Mulanje (*Widdringtonia whytei*), que solo existe en estado silvestre en el monte Mulanje, hasta el mostajo de Menai (*Sorbus arvonensis*), limitado a treinta árboles que crecen en una franja de 10 metros de ancho en la orilla sur del estrecho de Menai, en el norte de Gales (Reino Unido). El informe concluyó que identificar los árboles en riesgo y asegurar su protección es la forma más eficaz de prevenir la extinción y recuperar las especies amenazadas. Al menos 142 especies de árboles ya se han extinguido en estado silvestre.

Sin embargo, no todas las extinciones son iguales. La pérdida de una especie con muchos parientes cercanos de rasgos similares podría considerarse menos devastadora que la de otra que ocupa una rama solitaria del árbol evolutivo. El ginkgo (*Ginkgo biloba*) es un buen ejemplo. Esta especie es la única superviviente del género *Ginkgo*, que, a su vez, es el único género del orden Ginkgoales. De modo que este árbol —que hoy solo vive en estado silvestre en China— representa muchos millones de años de historia evolutiva que no se repiten en ninguna otra especie. Se ha comprobado que las hojas fósiles de ginkgo de hace 200 millones de años son casi idénticas a las hojas de los ejemplares actuales. Si la especie se extinguiera, toda esa historia evolutiva se perdería para siempre.

Los conservacionistas están teniendo en cuenta la historia evolutiva de las plantas para decidir qué proteger primero, con el fin de evitar que se pierdan rasgos insustituibles y combinaciones únicas de características, como las que se encuentran en los «fósiles vivientes», entre ellos el ginkgo.

Hoy se utiliza la designación de Área Importante para las Plantas (IPA, por sus siglas en inglés) para señalar qué lugares han de protegerse, con el objetivo de cumplir las metas de la Estrategia Mundial para la Conservación de las Plantas. Se trata de un programa del Convenio sobre la Diversidad Biológica, ratificado por 196 países. El término IPA se aplica a lugares con una diversidad vegetal y fúngica excepcionalmente rica, o con especies y hábitats raros y amenazados a escala mundial, que se pueden cuidar como sitios específicos. Dado que África tropical presenta la mayor proporción de especies arbóreas amenazadas, pero allí se han delimitado pocas IPA, los Reales Jardines Botánicos de Kew crearon la categoría de IPA Tropical (TIPA).

La esperanza es que algún día estas especies prosperen todas juntas en un bosque protegido, como símbolo de lo que puede lograr la gente cuando se une para luchar por conservar los árboles y los bosques del mundo.

8. Es importante reconocer el valor de los mejores árboles

Un improbable campeón del mundo se alza en la ladera occidental de un valle escarpado, en los jardines de Leonardslee, en West Sussex (Reino Unido). Se trata de un roble argelino (*Quercus canariensis*), un árbol de aspecto parecido a su «primo» inglés (*Quercus robur*), pero que, gracias a su origen mediterráneo, puede tolerar condiciones mucho más cálidas y secas. A este ejemplar en concreto, sin embargo, parece que le ha agradado el clima templado inglés, más fresco y húmedo. Desde que se plantó hace unos 100 años, ha alcanzado exactamente 33,6 metros. Eso lo convierte en el más alto de su especie registrado en cualquier lugar, y le otorga el prestigioso título de campeón tanto del Reino Unido como del mundo.

Los «Árboles Campeones» se definen, en un sentido amplio, como aquellos ejemplares individuales (o, en ocasiones, alineaciones de árboles) que son ejemplos excepcionales de su especie, ya sea por su gran altura, su perímetro, su edad o su relevancia. Entre los países que miden y registran oficialmente Árboles Campeones figuran el Reino Unido, Nueva Zelanda, Estados Unidos, Sudáfrica y Canadá. Los criterios varían ligeramente de un país a otro, pero generalmente se mide la altura, el perímetro del tronco y, a veces, la extensión de la copa. Otros países tienen sus propios sistemas y denominaciones para registrar árboles notables, y existe un sitio web especializado que registra «árboles monumentales» en todo el mundo, principalmente ejemplares grandes o muy longevos.

Por su parte, el *Libro Guinness de los Récords* reconoce diversos árboles «superlativos», tanto vivos como ya desaparecidos, incluidos el récord del «mayor perímetro de tronco jamás registrado» —57,9 metros, alcanzado por un castaño europeo (*Castanea sativa*) que creció en el monte Etna, en Sicilia (Italia)— y el de la «copa más extensa en un árbol vivo»: el baniano indio Thimmamma

Marrimanu (*Ficus benghalensis*), en Andhra Pradesh (India), cuya copa abarca 2,19 hectáreas, más que dos campos de fútbol.

El baniano indio consigue una copa tan grande debido a que crece siguiendo una inusual estrategia de «higuera estranguladora», es decir, gracias a su modo de enredarse en otros árboles. Comienza su vida como epífita, esto es, como una planta que crece sobre la superficie de otra. Una semilla depositada en una rama alta echa raíces que descienden por el tronco del árbol anfitrión, hasta llegar a envolverlo por completo. Cuando alcanzan el suelo, estas raíces penetran en la tierra y se transforman en pilares parecidos a troncos, que sostienen las ramas y la copa. A su vez, desde las ramas brotan raíces aéreas que descienden y forman nuevos «troncos», de modo que el árbol se expande lateralmente. Con cerca de 600 años de edad, el Thimmamma Marrimanu sigue creciendo hoy. Un inventario realizado entre 2008 y 2010 por Landmark Trees of India —que registra los árboles famosos, extraordinarios, notables y sagrados del país— concluyó que India alberga siete de los banianos más grandes del mundo.

En el Reino Unido, un árbol se designa como «Árbol Campeón» de su especie si es el más alto (por altura) o el más «grueso» (por perímetro o circunferencia del tronco, medido a una altura especificada). Existe una categoría aparte para los árboles multirramificados o de varios fustes, ya que no se pueden comparar directamente con los de un solo tronco. Los datos básicos que se obtienen se registran oficialmente en el *Tree Register of the British Isles* (TROBI), que reúne mediciones de más de 250 000 ejemplares notables. De ellos, 75 000 están designados oficialmente como campeones de condado, nacionales, británicos o mundiales.

Un vistazo a algunas de las actuales «estrellas» dendrológicas revela que el árbol más alto de todos es un abeto de Douglas de 67,5 metros que crece en el bosque de Coed Craig Glanconwy, en Conwy, Gales. Varios robles históricos, por su parte, reclaman el título de «más gruesos». El más impresionante y mejor conservado de ellos es Majesty, un roble autóctono con una circunferencia de tronco de 12,32 metros, registrada en 2022 en Fredville Park, en Kent (Inglaterra). La posibilidad de descubrir y coronar a un nuevo campeón es lo que motiva a los cerca de cincuenta voluntarios registradores de árboles, que buscan nuevas promesas arbóreas y mantienen actualizado el registro.

La riqueza de las fincas rurales y los jardines históricos del Reino Unido es un filón para los «cazadores» de Árboles Campeones. El roble argelino premiado que se mencionó antes, por ejemplo, es uno de los veintiocho Árboles Campeones británicos e irlandeses, que hay en Leonardslee. Esta alta concentración refleja la vieja costumbre que tenían los propietarios ricos de estas fincas de plantar y cuidar árboles exóticos muy lejos de sus lugares de origen.

La metasecuoya (secuoya del alba) campeona del condado en Leonardslee (*Metasequoia glyptostroboides*) causó gran entusiasmo cuando se plantó en la finca a mediados del siglo xx, pues había pasado muy poco tiempo desde que la especie se diera a conocer a la comunidad científica. Cuando el género *Metasequoia*, que significa 'nueva secuoya', se describió por primera vez en 1941 a partir de fósiles de 150 millones de años, se consideró que el árbol se había extinguido. Pero ese mismo año, tres coníferas de aspecto extraño encontradas en China resultaron ser ejemplares vivos de la especie fósil. El árbol recibió oficialmente el nombre de *Metasequoia glyptostroboides* en 1948, por su parecido con el ciprés de los pantanos chino (*Glyptostrobus*). En 1947, una expedición china financiada con fondos estadounidenses recolectó semillas, que se distribuyeron, a través del Arnold Arboretum de Estados Unidos, a jardines botánicos y arboretos de todo el mundo, incluido Leonardslee.

La secuoya gigante (*Sequoiadendron giganteum*), pariente cercano de la secuoya del alba, figura entre los árboles de crecimiento más rápido que pueden cultivarse en Gran Bretaña. Cien ejemplares plantados en distintos puntos del país en 1996 han aumentado desde entonces su circunferencia hasta en 5-6 centímetros por año. Se dice que una secuoya gigante de Castle Leod, en las Tierras Altas de Escocia, es el árbol de mayor volumen, a esa altura, de todo el mundo.

Aun así, a las secuoyas británicas todavía les queda camino para alcanzar a las del otro lado del Atlántico. Aunque la secuoya roja costera más alta (*Sequoia sempervirens*) de Gran Bretaña —en la finca de Longleat, Wiltshire— había alcanzado una imponente altura de 56 metros en 2021, la más alta de Estados Unidos —«Hyperion», que crece en el Parque Nacional de Redwood, California— mide casi el doble: más de 115 metros. Esto la convierte en la «campeona de campeones»: es el árbol más alto del mundo.

Entonces, ¿cómo se mide un árbol? Según *A Field Guide to the Trees of Britain and Northern Ireland*, el cálculo manual de la altura funciona mejor cuando se lleva a cabo entre dos personas. Una sostiene una regla con una muesca en la marca de una pulgada, que equivale a 2,53 centímetros, con el brazo completamente extendido y perpendicular a los ojos, y alinea el árbol de modo que encaje exactamente entre cero y 12 pulgadas. La segunda persona se coloca junto al árbol y sitúa un marcador de papel blanco a la altura de la muesca, tal como la ve quien sostiene la regla. Como esa marca representa una doceava parte de la altura total, la distancia del marcador al suelo, medida en pulgadas, da la altura del árbol en pies (unos 30,48 centímetros).

Obtener una medición fiable requiere práctica, porque los árboles con forma de aguja parecen más altos de lo que son y los de copa ancha y abombada parecen más bajos. Se puede obtener una lectura más precisa y rápida con un hipsómetro láser. El usuario se coloca lo bastante lejos del árbol como para ver la base y la punta, y sitúa la retícula del instrumento en cada uno de esos puntos, sucesivamente. El aparato utiliza trigonometría para calcular automáticamente la altura del árbol.

Las mediciones del perímetro se pueden hacer fácilmente con una cinta métrica. La regla general es colocar la cinta a 1,5 metros del suelo en el lado superior de cualquier pendiente, con algunas variaciones para los árboles de varios fustes y para aquellos con formas inusuales o abultamientos.

Aunque medir árboles pueda parecer una afición excéntrica, existen buenas razones para hacerlo. Para empezar, los programas de ciencia ciudadana, en los que participan voluntarios, pueden apoyar trabajos académicos importantes al facilitar la recopilación de datos en escalas temporales y geográficas más amplias —y durante más tiempo— de lo que a menudo permiten los proyectos de investigación.

Por ejemplo, los datos conservados en TROBI ayudaron recientemente a refutar la idea, sostenida durante mucho tiempo, de que los romanos introdujeron el castaño común (*Castanea sativa*) en Gran Bretaña. Investigadores de la Universidad de Gloucestershire y del organismo público Historic England utilizaron TROBI para localizar castaños en recintos antiguos y bosques gestionados en monte bajo, así como en fronteras históricas, jardines, parques de ciervos, parques paisajísticos diseñados, avenidas formales y bosques y montes bajos de plantación más recientes. Mediante un análisis genético, descubrieron que los castaños británicos más antiguos —o sus cepas (tocones resultantes del rebrote tras la tala en monte bajo)— procedían de regiones de la Europa continental, algunas de las cuales albergaban árboles productores de castañas hace ya veinte mil años. Pero, aunque la ocupación romana de Gran Bretaña se extendió del 43 d. C. al 410 d. C., el primer registro escrito de castaños que creció en Gran Bretaña data de 1113. No se encontró ningún castaño más antiguo del 650 d. C. (la fecha de referencia utilizada para indicar una posible influencia romana) cultivado en Gran Bretaña.

Las iniciativas que registran árboles destacados en todo el mundo —como el sistema británico de Árboles Campeones y otros— también ofrecen una vía para implicar a la población en el mundo natural en un momento en que comprender y salvar la biodiversidad es vital para el futuro del planeta. Dar a conocer los ejemplares más grandes y sobresalientes de cada especie puede convertirlos en motivo de orgullo para los jardines, las comunidades y los países donde crecen, y ayudar a que reciban los cuidados adecuados. Dado que el baniano indio Thimmamma Marrimanu se ha hecho famoso por sus récords y por haber sido declarado Patrimonio Mundial por la UNESCO, los trabajadores del departamento forestal local han comenzado a guiar sus raíces aéreas hacia postes de bambú llenos de tierra para favorecer su crecimiento. También van peregrinos para visitar un santuario situado en el corazón del árbol con la esperanza de obtener energía positiva de esa inmensa maravilla natural.

Rendir homenaje a árboles destacados puede llevar a que se conserven mejor, como ocurrió en 2018, cuando unos científicos encontraron sin proponérselo los árboles más altos de la selva amazónica. Un reconocimiento aéreo realizado por el Instituto Nacional de Investigaciones Espaciales de Brasil, con el objetivo de estimar con mayor precisión la cantidad de carbono almacenado en el bosque, descubrió cincuenta y dos ejemplares de *Dinizia excelsa* que duplicaban la altura del dosel circundante. Todos superaban los 70 metros, y el más alto alcanzaba los 88,5 metros, equivalente a un rascacielos de treinta plantas. Estos árboles de entre 400 y 600 años de edad son capaces de absorber la misma cantidad de carbono que quinientos árboles de un bosque medio. Estos gigantes eran apenas brotes cuando los brasileños de la zona combatían contra los invasores coloniales portugueses. El Gobierno brasileño aceptó utilizar estos hallazgos como argumento para otorgar a los árboles la condición de Monumento Protegido.

Por supuesto, descubrir nuevos campeones del mundo arbóreo implica inevitablemente que los anteriores titulares queden relegados. El nuevo rey —o reina— de la Amazonia deja al anterior árbol más alto «a la sombra» por nada menos que 30 metros. Del mismo modo, el abeto rojo de Noruega (*Picea abies*) Campeón británico más «grueso», que ostentaba el título desde la década de 1970, fue superado en 2022 por un ejemplar unos 25 centímetros más voluminoso, que había «aflojado el cinturón» en silencio mientras nadie miraba. Y a veces estos campeones simplemente sucumben a fenómenos naturales. A finales de 2021, la secuoya roja de 51 metros que era el orgullo de Gales por tratarse de la más alta de su tipo en el país fue arrancada de raíz por los vientos de 145 kilómetros por hora de la tormenta Arwen.

De vuelta en Leonardslee, el altísimo roble argelino sigue siendo, por ahora, el campeón del mundo. Pero probablemente no pasará mucho tiempo antes de que se localice y se mida algún joven aspirante vigoroso de su especie, y se compruebe que se ha estirado un poco más hacia el sol y las estrellas.

9. La vida de los árboles cuenta también la nuestra

Los árboles vivos más antiguos de la Tierra crecen en las montañas del este de California, en Estados Unidos. Son pinos longevos (*Pinus longaeva*), y el más viejo de ellos cumplió 5074 años en 2023. Cuando echó raíces por primera vez en las tierras altas áridas y barridas por el viento, en 3051 a. C., los humanos estaban levantando el primer monumento de Stonehenge, en el Reino Unido, se asentaban en las primeras ciudades del sur de Mesopotamia, empezaban a familiarizarse con el uso del cobre y el bronce, y domesticaban caballos. Aún pasarían unos 500 años hasta que el faraón Keops terminara de construir la Gran Pirámide de Guiza, en Egipto. El árbol se mantuvo en pie mientras el Imperio romano surgía y caía, mientras se sucedían dos guerras mundiales y mientras las emisiones de la Revolución Industrial empezaban a desestabilizar los sistemas que sostienen la vida en la Tierra.

Podemos saber cuánto tiempo ha vivido un árbol individual gracias a la dendrocronología, la ciencia que estudia las capas anuales de crecimiento. Cada año, a medida que el árbol crece hacia fuera, forma nuevas células a partir de su capa viva, el cámbium vascular, situado justo bajo la corteza. Estas envuelven la madera muerta depositada en temporadas de crecimiento anteriores y ensanchan poco a poco el tronco hacia el exterior con el paso del tiempo. Si lo visualizamos como un corte horizontal —por ejemplo, en un tocón—, los años consecutivos de crecimiento aparecen como anillos concéntricos. Sin embargo, no es necesario talar un árbol para examinar sus anillos: puede extraerse de forma inocua una fina muestra cilíndrica (un «testigo») que revela su cronología. La capa inmediatamente bajo la corteza corresponde al presente, y la vida del árbol queda registrada en incrementos anuales hacia atrás, hasta el corazón del tronco. Este patrón se observa en la mayoría de las especies arbóreas templadas y subárticas.

Las variaciones en la anchura de los anillos revelan cómo ha ido fluctuando el clima mientras el árbol crecía. Los árboles experimentan un «estirón» en las condiciones que les favorecen y crecen menos cuando las épocas son difíciles, esto es, su ritmo de crecimiento está determinado por el agua, la luz solar o la temperatura. La variable que ejerce el control principal depende del entorno: un árbol en un desierto árido puede crecer lentamente por falta de lluvias, mientras que otro en una ladera montañosa septentrional puede dejar de producir tejido durante una ola de frío.

Los árboles de una misma especie que crecen en el mismo clima comparten una secuencia de anillos similar, estrechos y anchos, como si se tratara de un código de barras. Esto permite cruzar patrones de ejemplares de distintas edades para crear una línea del tiempo o cronología más larga. En torno a Methuselah Walk, en las Montañas Blancas de New Hampshire, donde vive el pino longevo más antiguo conocido y sus contemporáneos, los científicos encontraron restos de árboles que habían vivido hace más de 10 000 años. Hasta ahora, tanto los árboles vivos como los muertos han proporcionado una línea temporal completa que se remonta a casi 9000 años (entre los segundos destaca Prometheus, que resultó ser el árbol vivo más antiguo conocido en el momento en que fue talado para un proyecto de posgrado en 1964.

La línea de tiempo o cronología de anillos de árboles más larga del mundo, elaborada a partir de robles alemanes, se remonta 12 500 años. Podemos relacionar la historia de los árboles de distintas partes del mundo gracias a cambios en el clima que afectaron a zonas muy amplias, como las erupciones volcánicas. Por ejemplo, el efecto que tuvo el enfriamiento de los aerosoles de sulfato que reflejan la luz solar, expulsados a la atmósfera por el volcán Aniakchak II de Alaska entre los años 1627 y 1628 a. C., aparece tanto en anillos dañados por heladas de pinos longevos estadounidenses como en anillos de crecimiento más estrechos en robles irlandeses al otro lado del Atlántico.

Por su parte, la dendrocronología o la cronología de los árboles ha ayudado a calibrar la datación por radiocarbono, y la combinación del análisis de estos anillos con el estudio de capas de hielo o de sedimentos lacustres se está utilizando para obtener cronologías ambientales, auténticos registros del clima, cada vez más largos.

Comprender cómo los cambios del tiempo atmosférico impulsan la expansión y la contracción del crecimiento de los árboles, así como disponer de cronologías largas, permite a los científicos analizar patrones meteorológicos y climáticos de épocas anteriores a la existencia de aparatos de medición. Esto es de un valor incalculable para separar los patrones climáticos naturales de los causados por la actividad humana. La dendrocronología aportó datos al esclarecedor gráfico de «palo de hockey», publicado en 1998, que mostró cómo, tras oscilar dentro de un rango natural durante casi 1000 años, las temperaturas globales rebasaron ese rango a comienzos del siglo XIX y, a partir de entonces, empezaron a dispararse.

Más recientemente, los anillos de los árboles muestran que los vientos de corriente en chorro se han vuelto más irregulares, algo que no ha ocurrido en 300 años: un desplazamiento hacia el norte de este flujo natural elevado de oeste a este deriva en olas de calor y sequías al noroeste de Europa, mientras que un desplazamiento hacia el sur favorece grandes incendios forestales en el sureste.

Los incendios forestales son un fenómeno natural y, de hecho, algunas especies —como las secuoyas gigantes— los necesitan para prosperar. Sin embargo, según las proyecciones de los modelos de cambio climático antropogénico, se prevé que el número de incendios forestales se duplique para el año 2100. Un historial de 3000 años de incendios, registrado en cicatrices de quemaduras presentes en secuoyas gigantes de la Sierra Nevada occidental de California (Estados Unidos), mostró que los años 800-1300 d. C. fue especialmente seco con incendios más frecuentes que en cualquier otro periodo. Curiosamente, ese intervalo coincide con el Periodo Cálido Medieval, cuando el clima de la Tierra fue más cálido y más seco que el actual.

La cronología indicó que, durante esos 500 años, los incendios quemaban pequeñas áreas del bosque con intervalos de dos a cuatro años, y que fuegos a gran escala afectaban a la mayoría de los árboles entre tres y cinco veces por siglo. Este trabajo sugiere que, a medida que el cambio climático se intensifique, podrían ser necesarias quemas prescritas (controladas) para evitar que la biomasa acumulada actúe como yesca y alimente grandes incendios, de los que los árboles tendrían dificultades para recuperarse.

La ciencia de la dendrocronología se dio a conocer por primera vez en Estados Unidos a comienzos del siglo xx gracias a un astrónomo estadounidense. Una de sus primeras aplicaciones fue datar madera procedente de asentamientos situados en acantilados o paredes de roca de cañones del siglo xiii en Colorado y Arizona. Después surgió la dendroarqueología, que utiliza patrones de cronologías maestras de anillos para fechar objetos de madera y combina esos datos con otros tipos de información arqueológica para ayudar a interpretar el pasado.

Este campo ha aportado ideas fascinantes sobre la influencia de las condiciones climáticas del pasado en las poblaciones humanas, que podrían servirnos de guía en un mundo que se calienta. Un estudio halló que los periodos cálidos y húmedos anunciaron la prosperidad medieval y romana, mientras que el aumento de la variabilidad climática entre el 250 y el 600 d. C. coincidió con la caída del Imperio romano de Occidente.

Cartografiar la procedencia de maderas históricas y compararla con las zonas donde los árboles crecían de forma natural puede arrojar luz sobre antiguos patrones de administración, comercio e intercambio. El polímata romano Plinio el Viejo, que murió en el año 79 d. C., escribió: «La madera tiene miles de usos y, sin ella, la vida no sería posible». En un estudio que analizó tablones de roble conservados, utilizados para construir un pórtico decorado en el centro de Roma, se determinó que habían sido talados entre los años 40 y 60 d. C. en las montañas del Jura, en el noreste de Francia. Además de demostrar que ya en tiempos de Plinio se trasportaba madera desde lugares muy lejanos, el trabajo destacó el valor que tenía el roble en la época romana. Es posible que los romanos se vieran obligados a obtener madera de sitios remotos después de agotar los bosques locales de Roma y de la cordillera de los Apeninos a medida que expandían su imperio.

A veces, la arqueología plantea enigmas que los anillos de los árboles ayudan a resolver. Cuando se halló un pecio frente a la costa del sur de Argentina, los objetos recuperados sugerían que el barco podría ser el Dolphin, un buque ballenero estadounidense desaparecido mucho tiempo atrás y el velero de aparejo cuadrado más rápido de su época. Botado en 1850 en Rhode Island, el barco había zarpado de su puerto base en octubre de 1858, pero se perdió en 1859. Ante la falta de pruebas concluyentes, los investigadores recurrieron a la dendrocronología para averiguar más sobre la procedencia y la edad de la madera con la que se había construido la nave. El análisis mostró que provenía de robles blancos y de pinos amarillos del sur de Estados Unidos. En el primer caso, lo más probable es que la madera procediera de Massachusetts; en el segundo, de Alabama, Georgia o el norte de Florida. El dato más revelador fue la fecha de tala: 1849, el año anterior a que el Dolphin dejara aguas estadounidenses. Estas revelaciones, basadas en los anillos, coinciden con cartas que indican que el barco se hundió frente a la costa de la Patagonia, tras un viaje de unos 16 000 kilómetros desde su puerto de origen.

Las maderas más útiles para un análisis visual de anillos son las de árboles con anillos de anchura muy variable. Por eso, los ejemplares que crecen en el límite de su área de distribución —donde es más probable que sufran tensiones con frecuencia— resultan especialmente adecuados. Menos apropiados son los árboles con anillos «complacientes», de anchura uniforme: se forman como respuesta a condiciones generalmente favorables, en las que las pequeñas variaciones del clima quedan amortiguadas por un entorno de crecimiento estable y óptimo. Algunos árboles de crecimiento rápido en el Reino Unido y en otros climas templados de latitudes medias pueden presentar este tipo de anillos. En cambio, aquellos que viven en ambientes tropicales y subtropicales, más cerca del ecuador, pueden no mostrar anillos en absoluto, ya que, al no estar sometidos a las grandes diferencias estacionales, pueden crecer de forma continua.

Estas distintas dinámicas de crecimiento han generado lagunas geográficas y temporales en la cobertura de las cronologías maestras de anillos. Rellenarlas es una tarea en curso para los dendrocronólogos de todo el mundo, que recurren con mayor frecuencia a técnicas científicas más complejas para acceder a patrones anuales en los árboles, datar objetos y reconstruir climas del pasado.

Un enfoque nuevo y prometedor consiste en utilizar isótopos de oxígeno para sacar a la luz historias antes ocultas en los árboles. Los científicos analizan la relación isotópica del oxígeno en la celulosa de los anillos de crecimiento para evaluar la proporción entre el isótopo más ligero, ^{16}O, y el más pesado, ^{18}O. Los isótopos son átomos del mismo elemento, pero con masas

diferentes: el ^{16}O tiene ocho protones y ocho
neutrones, mientras que el ^{18}O posee dos neutrones adicionales. Al ser más ligero, el ^{16}O se evapo-
ra más fácilmente del agua, porque las moléculas
en las que se encuentra requieren de algo menos
de energía para pasar a estado de vapor. Por su
parte, el ^{18}O, más pesado, se condensa con mayor
facilidad. Esto significa que el agua que cae en un
chaparrón breve y ligero contiene una proporción mayor de ^{18}O, mientras que las lluvias más
intensas y prolongadas incorporan más ^{16}O.

En el Reino Unido, los veranos húmedos dominados por flujos de aire del oeste procedentes
del Atlántico norte presentan precipitaciones
isotópicamente ligeras, mientras que los veranos
secos dominados por vientos del este presentan
precipitaciones isotópicamente pesadas. Las condiciones meteorológicas estivales, cambiantes a lo
largo de los años, quedan registradas en los tejidos
que forman los árboles durante los meses cálidos,
cuando utilizan el agua de lluvia para crecer. Con
las proporciones isotópicas medidas en muestras
de robles del centro de Inglaterra se elaboró una
cronología maestra que abarca desde el año 1200
hasta el 2000.

Cuando la técnica tradicional no permitió datar una pieza del mecanismo de elevación del rastrillo de la Torre de Londres —histórica fortaleza y antigua prisión—, los científicos decidieron poner a prueba este nuevo enfoque. Gracias a la cronología y a las proporciones isotópicas, calcularon que la madera en cuestión se taló en el invierno de 1656-1957. Esto ayudó a demostrar que, aunque el rastrillo era original y se remontaba al siglo XIII, el torno se había sustituido unos 400 años después.

Aunque hasta ahora la dendrocronología se ha centrado sobre todo en las regiones templadas del mundo, cada vez se estudian más especies subtropicales y tropicales, y el uso del oxígeno y otros isótopos también parece prometedor para desentrañar historias ecológicas en latitudes más bajas. En la actualidad, existen datos de cuatro mil emplazamientos en todos los continentes salvo la Antártida, y los investigadores pueden consultarlos a través del International Tree-Ring Data Bank. A medida que este campo siga evolucionando y expandiéndose, es muy posible que los jóvenes arbolillos de hoy acaben figurando también allí. Qué historias de la humanidad quedarán ligadas a sus anillos, mientras afrontan la vida en un planeta recalentado, está por ver.

10. Podemos aprender mucho de los árboles

Si alguna vez visitas el interior de la basílica de la Sagrada Familia de Antoni Gaudí, en Barcelona, asegúrate de alzar la vista. Las columnas que sostienen el techo, a unos 60 metros sobre tu cabeza, se ramifican en lo alto, igual que los árboles en un bosque. Gaudí quería que, al entrar, la gente sintiera que caminaba entre árboles. El arquitecto catalán creía que Dios había creado la naturaleza, así que pensaba que, en aquel espacio, los fieles podrían sentirse más cerca de él. Pero Gaudí también se inspiraba con intención arquitectónica en la fuerza natural de los árboles y en sus «geometrías fractales», en las que los patrones que aparecen en estructuras grandes (las ramas principales) se repiten de forma semejante, aunque irregular, en estructuras menores (las ramas más pequeñas).

En concreto, al emplear columnas y ramificaciones con forma de árbol para sostener un techo de bóvedas entrelazadas, tomó prestado el mecanismo estructural con el que los árboles sostienen una gran copa de hojas.

Hay otros elementos, igualmente inspirados en la naturaleza, repartidos por la obra maestra de Gaudí, cuya construcción comenzó en 1882 y continúa todavía hoy. En el exterior del templo, unas columnas inclinadas que se ensanchan hacia la base sostienen el nártex, o pórtico, de la Fachada de la Pasión. Se asemejan a las raíces tabulares, a modo de contrafuertes, de gigantes arbóreos como la ceiba o árbol del kapok (*Ceiba pentandra*), de Centroamérica, o las secuoyas gigantes (*Sequoiadendron giganteum*) de California (Estados Unidos). La huella en planta, muy ancha, de estas columnas ayuda a transmitir las fuerzas inclinadas hasta los cimientos. Las «dendriformas» estructurales de Gaudí se cuentan entre los mejores ejemplos de estructuras de ramificación similares a las de los árboles realizadas en hormigón. En opinión del arquitecto, «no hay mejor estructura que el tronco de un árbol o el esqueleto humano».

Por supuesto, la resistencia mecánica para sostener su propio peso y soportar las fuerzas externas del viento es solo uno de los requisitos funcionales de los árboles. También necesitan optimizar la cantidad de alimento que producen sus hojas, al tiempo que mantienen las ramas lo más cortas posible para evitar que se rompan por efecto de la gravedad. Lo consiguen extendiendo las hojas lo máximo posible y, en muchas especies, adoptando una copa convexa que maximiza la exposición de las hojas a la luz a medida que el sol recorre el cielo durante el día. Contribuye a cumplir este requisito el hecho de que las ramas más jóvenes estén dispuestas con una inclinación más vertical y las más viejas, de forma más horizontal. Además, la estructura de ramificación optimiza el ascenso de agua y nutrientes desde las raíces hasta las hojas, y el descenso de azúcares desde las hojas, que aportan energía para el crecimiento.

Las distintas formas de los árboles reflejan cómo las especies han evolucionado para satisfacer sus necesidades físicas, mecánicas y biológicas, una funcionalidad que también puede beneficiar a la humanidad. Desde hace tiempo, los ingenieros tratan de imitar cómo los árboles y otras plantas realizan la fotosíntesis. La crisis climática actual es consecuencia de la forma en que obtenemos energía: al quemar combustibles fósiles, saturamos la atmósfera de dióxido de carbono (CO_2). Perfeccionar la fotosíntesis artificial podría ayudarnos a generar combustibles limpios y, al mismo tiempo, extraer el exceso de CO_2 de la atmósfera. La hoja biónica desarrollada por científicos de la Universidad de Harvard, en Estados Unidos, es un paso en esa dirección. En la naturaleza, la fotosíntesis implica muchos procesos, entre ellos captar la luz solar, descomponer el agua (H_2O) en hidrógeno y oxígeno, y combinar el hidrógeno con el CO_2 del aire para producir combustible en forma de carbohidratos. La hoja biónica utiliza un catalizador de cobalto-fósforo para descomponer el agua, mientras que la bacteria *Ralstonia eutropha* consume el hidrógeno producido para sintetizar biomasa y combustibles a partir del CO_2. Diez veces más eficiente que la fotosíntesis natural, esta tecnología podría permitir algún día que las personas dispongan de sus propios «jardines biónicos» productores de combustible.

Otra faceta de la funcionalidad de los árboles que los científicos han intentado replicar es la manera en que distribuyen los azúcares producidos por fotosíntesis en las hojas, así como el agua y los nutrientes procedentes de las raíces, a través de la serie de conductos leñosos paralelos que conforman su sistema vascular. En robótica, las bombas hidráulicas son útiles para generar movimiento: la bomba controla el caudal y la presión del fluido hidráulico y un actuador convierte esa energía de presión del fluido en energía mecánica para ejecutar movimientos, por ejemplo, levantar grandes cargas. Sin embargo, tradicionalmente, a los ingenieros les ha resultado difícil fabricar piezas móviles diminutas y bombas capaces de impulsar movimientos complejos en robots pequeños.

En el Instituto Tecnológico de Massachusetts (MIT), en Estados Unidos, los científicos examinaron cómo los árboles desplazan los fluidos por su sistema para ver si podían inspirarse en ese método. En concreto, querían crear un dispositivo que permitiera a un robot pequeño realizar acciones similares a las que se logran con actuadores hidráulicos en Big Dog, el robot de Boston Dynamics, del tamaño aproximado de un san bernardo y capaz de avanzar a saltos sobre cuatro patas por terreno irregular.

En la naturaleza, el agua asciende por los canales del xilema desde las raíces del árbol y después se difunde, a través de una membrana semipermeable, hacia los conductos del floema, que contienen azúcares. El volumen de agua que atraviesa la membrana está mediado por la cantidad de azúcar presente, de manera que se mantenga una concentración constante. Este proceso se conoce como ósmosis. Los científicos recrearon esta disposición en el laboratorio utilizando un depósito de agua y otro de agua azucarada, separados por una membrana que permitía el paso del agua hacia el depósito azucarado, pero no a la inversa. Otra membrana posibilitaba que el azúcar se difundiera hacia el depósito de agua azucarada, para emular el aporte de energía que proporciona la fotosíntesis en las hojas. Sencillo y barato de fabricar, este «árbol en un chip» pudo aspirar agua de forma pasiva hacia un vaso de precipitados, a un caudal constante, durante varios días: justo lo necesario para accionar hidráulicamente el movimiento de un minirrobot.

Los investigadores del MIT también estudiaron la capacidad natural de filtrado de los sistemas vasculares de los árboles. Los tubos paralelos de xilema en la albura de las gimnospermas —como los pinos y el ginkgo— están separados por membranas capaces de filtrar burbujas presentes en el agua y en la savia.

Cuando los investigadores pusieron a prueba muestras de xilema de estos árboles, comprobaron que estos tamices naturales también eran capaces de filtrar *E. coli*, rotavirus y otras bacterias, y que podían tratarse de forma sencilla para que siguieran siendo eficaces incluso después de almacenarse en seco durante dos años. Se demostró que un prototipo funcional por gravedad, desarrollado con filtros de xilema para tratar el agua potable doméstica en la India, proporcionaba una «protección integral» frente a patógenos transmitidos por el agua, de acuerdo con los criterios de rendimiento de la Organización Mundial de la Salud para tecnologías domésticas de tratamiento del agua. Replicarlo a gran escala podría salvar vidas y reducir la carga de enfermedades en lugares donde otros tratamientos —como la cloración y la desinfección solar— resultan demasiado costosos o no están disponibles.

En el capítulo 4 se describían las distintas adaptaciones de los árboles para dispersar sus semillas; una de ellas era las semillas aladas que el viento transporta, con las que envían su material genético lejos de la planta madre. El árbol del cielo o ailanto (*Ailanthus altissima*), originario de China, se ha convertido en una especie invasora muy extendida en muchas partes del mundo, en parte por su prolífica producción de semillas de este tipo. A pesar de todo, esas semillas podrían acabar siendo beneficiosas, ya que están inspirando turbinas eólicas de eje vertical.

Aunque muchas de las turbinas que vemos hoy en el paisaje son de eje horizontal —con un mástil alto, tres palas y un sistema de engranajes que convierte la energía cinética de rotación de las palas en energía eléctrica mediante un generador—, las turbinas de eje vertical están ganando popularidad, ya que, por lo general, son más pequeñas, más baratas y más fáciles de construir, transportar e instalar. Entre las semillas del árbol del cielo, hay algunas que van dando vueltas al caer, lo que genera diferencias de presión que producen una fuerza de sustentación llamada efecto Magnus. Esta sustentación —que los jugadores de críquet aprovechan para que una pelota con efecto haga «swing»— se está utilizando ahora para desarrollar turbinas eólicas de eje vertical.

Ingenieros de Japón han empleado el efecto Magnus para crear una turbina de este tipo capaz de captar energía del viento desde cualquier dirección. En lugar de palas, tiene grandes tubos verticales que, además de permitir que la tecnología funcione con vientos de intensidad de tifón, serían —según afirman los fabricantes— más silenciosos y menos perjudiciales para las aves. Es uno de los muchos ejemplos de cómo la «complejidad económica» de la naturaleza podría ayudarnos a vivir de maneras menos dañinas para el planeta.

Los seres humanos modernos solo llevamos en la Tierra unos 200 000 años, pero en ese tiempo nuestras acciones han perturbado el sistema climático global y han provocado una pérdida de biodiversidad incalculable. Los árboles, en cambio, existen desde hace 370 millones de años; a lo largo de ese tiempo han puesto a prueba, en condiciones reales, innumerables maneras de prosperar en entornos muy diversos sin causar daños ambientales. Con «superpoderes» que van desde distribuir agua y alimento por toda su estructura hasta generar energía verde a partir de agua, luz solar y CO_2, y vivir en relaciones mutuamente beneficiosas con otros organismos, los árboles tienen mucho que enseñarnos sobre cómo vivir de forma sostenible. Sin embargo, para aprender de su sabiduría, debemos redoblar los esfuerzos por preservar la biodiversidad. Si no lo hacemos, no solo corremos el riesgo de perder un repertorio de planos de ingeniería y arquitectura eficientes en energía, ahorradores de recursos, reciclables y lo menos tóxicos posible, sino, con ellos, nuestra frágil existencia en la Tierra.

Agradecimientos

Carolyn Fry desea dar las gracias a las siguientes personas por su ayuda durante la investigación y la redacción de este libro: David Alderman, Director (Hon), The Tree Register, Reino Unido; Alex Benwell, Millbrook Woodcraft, Reino Unido; Dra. Elinor Breman, Senior Research Leader, Royal Botanic Gardens, Kew, Reino Unido; George Brooker, Commissioning Editor, Orion, Reino Unido; Andrew Brookes, Elm Trials Supervisor, Butterfly Conservation, Reino Unido; Sir Charles Burrell, copropietario de Knepp Estate, Reino Unido; Elliot Chandler, jardinero, Leonardslee, Reino Unido; Dr Martin Cheek, Senior Research Leader, Royal Botanic Gardens, Kew, Reino Unido; Marc-Olivier Coppens, Ramsay Memorial Professor in Chemical Engineering y director del Centre for Nature-Inspired

Engineering de University College London, Reino Unido; profesor Don Falk, University of Arizona, Tucson, Arizona, Estados Unidos; Gina Fullerlove, antigua editora, ahora Research Associate, Royal Botanic Gardens, Kew, Reino Unido; Andrew Groover, Research Geneticist, United States Department of Agriculture Forest Service, Burlington, Vermont, Estados Unidos; Dr Paul Kenrick, Principal Researcher, Natural History Museum, Londres, Reino Unido; Tony Kirkham MBE, VMH, antiguo Head of the Arboretum, Royal Botanic Gardens, Kew; Anne Marshall, Acquisitions Librarian, Royal Botanic Gardens, Kew, Reino Unido; profesora asociada Charlotte Pearson, Laboratory of Tree-Ring Research, Tucson, Arizona, Estados Unidos; Leanne Sargeant, Senior Ecologist, Forestry England, Reino Unido; Dra. Rhian Smith, Royal Botanic Gardens, Kew, Reino Unido; y profesor Russell Wynn, director de Wild New Forest CIC, Reino Unido.